新思維·新體驗·新視野　　　新喜悅·新智慧·新生活

鈣的聖經

全家如何**的與鈣幫家族

「鈣是生命的火燄」

細胞的一切繁殖、分裂等
生理作用，都必須依靠鈣的訊號才能進行，沒有鈣
的催化，一切生命的活動都將停止，鈣是健康之源
，也是生命的發動元素，沒有鈣，就沒有生命！

張慧敏◎編著

元氣系列

鈣的聖經—全家如何參與鈣幫家族

作　　　者：	張慧敏
出　版　者：	生智文化事業有限公司
發　行　人：	宋宏智
企 劃 主 編：	林淑雯
媒 體 企 劃：	汪君瑜
執 行 編 輯：	姚奉綺
文 字 編 輯：	黃詩媛
版 面 構 成：	引線視覺設計有限公司
封 面 設 計：	引線視覺設計有限公司
印　　　務：	許鈞棋
登　記　證：	局版北市業字第677號
地　　　址：	台北縣深坑鄉北深路三段260號8樓
電　　　話：	(02) 8662-6826　　傳　真：(02) 2664-7780
網　　　址：	http://www.ycrc.com.tw
讀者服務信箱：	service@ycrc.com.tw
郵 撥 帳 號：	19735365　　戶　名：葉忠賢
印　　　刷：	鼎易印刷事業股份有限公司
法 律 顧 問：	北辰著作權事務所　蕭雄淋律師
初 版 四 刷：	2008年5月　　定　價：新台幣320元
I S B N：	957-818-649-5

國家圖書館出版品預行編目資料

鈣的聖經：全家如何參與鈣幫家族/

張慧敏著. --初版--. --台北市：生智, 2004〔民93〕

面：　公分. --（元氣企列）

ISBN 957-818-649-5（平裝）

1. 鈣　2. 營養

399.24　　　　　　　　　　　93012160

總 經 銷：	揚智文化事業股份有限公司
地　　　址：	台北縣深坑鄉北深路三段260號8樓
電　　　話：	(02) 8662-6826
傳　　　真：	(02) 2664-7780

※本書如有缺頁、破損、裝訂錯誤，請寄回更換

Index

李寧遠 博士序─專業人士的職責

作者序─鈣是健康的泉源

Part 1 礦物質是人體結構的棟樑

礦物質哪裡來？.....................................018

鈣與各類礦物質的均衡是生命的原動力...................................020

文明愈進步，礦物質愈缺乏...................................022

鈣以宏量礦物質形態存在於人體中...................................027

鈣與礦物質之間的交互關係...................................028

對骨骼與牙齒有利的微量礦物質...................................029

Part 2 鈣幫家族

036...................................鈣的物理形式

037...................................鈣對人體的主要功能

037...................................有利鈣質吸收的因素

039...................................鈣需要先離子化才能被吸收利用

041...................................妨礙鈣質吸收的因素

043...................................鈣在人體內的代謝作用

044...................................鈣的每日需要量

047...................................鈣的補充劑的種類與來源

052...................................鈣的天然來源

054...................................乳清鈣是水溶性的鈣

Part 3 鈣對於人體的影響

鈣缺乏對身體的影響......056

人的一生有許多時期都需要大量的鈣質......059

鈣對於水質與人體健康的影響......062

解開百病根源之「鈣逆論」......064

器官老化影響鈣質的吸收......067

如何避免泌尿器官產生草酸鈣結石......069

鈣能排除體內的重金屬污染......070

鈣的平衡與牙齒的關聯性......072

鈣與低血鈣症......074

鈣與高血鈣症......075

Part 4 鈣質吸收的生理機制

078......調整鈣質平衡的三種賀爾蒙

081......鈣和蛋白質需一起食用

083......經常食用速食會導致鈣質流失

084......能協助鈣吸收的維生素

085......維生素D能強化骨齒的生長

087......香菇含有潛在性的維生素D

088......藥品可降低體內的鈣量

089......吸煙會降低鈣質的吸收

089......鈣與維生素之間有交互關係

090......鈣與鎂之間具有協調性

091......鈣與鎂的共同運作

Part 5 鈣與食物的關聯

食物中攝取的鈣質不會過量....................094

海藻類是含鈣的優良食物....................096

有助於鈣質消化的醋和檸檬....................097

黃豆含有充分鈣質....................098

蒟蒻是含鈣的減重聖品....................099

甘薯含鈣是優質鹼性食物....................100

鹼性食物是健康的關鍵....................101

螺旋藻含有高量鈣質....................106

深色蔬菜含有豐富的鈣質....................107

Part 6 鈣與骨骼、骨質的關係

110....................骨骼內的鈣源自寒武時代

111....................骨骼的結構以磷酸鈣為主

115....................骨骼也有新陳代謝作用

121....................女人一生都需要骨氣

124....................鈣與骨質疏鬆症

128....................骨質疏鬆症的危險因子

129....................骨質疏鬆症的風險指標

130....................骨質疏鬆症最容易發生骨折的部位

132....................治療骨質疏鬆的藥物簡介

138....................骨質疏鬆症治療方法的新領域——攜鈣素

140....................鈣需有攜鈣素才能發揮正常功能

142....................攜鈣素與鈣結合能產生一氧化氮效應

145....................陽光與運動是預防骨質疏鬆症的良方

147....................預防骨質疏鬆該不該喝牛奶？

Part 7 鈣與成人慢性病的預防功能

鈣與高血壓.............................152

鈣與妊娠血毒症·鈣與菸、酒.............................154

鈣與卵巢癌.............................155

鈣與糖尿病.............................157

鈣與胃病.............................160

鈣與血友病.............................161

鈣與精神焦慮.............................162

鈣與動脈硬化.............................163

鈣與心臟病.............................164

鈣與腦中風.............................166

鈣與老人癡呆症.............................167

鈣與肝病.............................168

鈣與肥胖.............................169

鈣與失眠.............................170

鈣與愛滋病·鈣與慢性風濕性關節炎.............................172

鈣與紅斑性狼瘡症.............................173

鈣與皮膚溼疹、蕁麻疹·鈣與鼻炎、支氣管炎.............................174

鈣與肩膀痠痛.............................175

鈣與僵直性脊椎炎·鈣與痔瘡.............................176

鈣與不孕症·鈣與白內障、視力減退.............................178

鈣與結石.............................179

鈣與癌症.............................182

附錄一

各種礦物質對人體的重要性.............................186

超微量礦物質對人體的重要性.............................207

附錄二

常用於中醫藥理的含鈣礦物質.............................220

專業人士的職責

◎李寧遠　博士序

　　本書作者為輔仁大學家政營養系第一屆校友，並取得美國加州大學・戴維斯分校 (UC, Davis) 食品碩士學位，且為美國註冊營養師 (M.S., R.D.)，在美國從事營養教育工作長達二十餘年。回台後，執筆多本有關食物保健書籍，並且應邀至各地演講，推廣健康保健的正確觀念。作者始終保持赤子之心，貢獻所學於社會，我們雖不常見面，但每每見她都是活力充沛，感覺比同年齡者年輕很多，甚至經常穿梭美、台兩地而不覺疲勞，這應與她把營養學活學活用有關。

　　最近接到她的大作「鈣的聖經」請我作序，自是甚為高興。翻閱其目錄及內容後，可說是達到相當完整新穎、深入淺出的水準，並能以流暢的文筆前後連貫，把有關鈣質的知識有系統的介紹出來，殊為難能可貴，可謂為一本很好的大眾科學教育作品。

　　歷次營養調查結果，均顯示台灣地區的民眾之鈣與維生素B2尚有不足，如何藉由各種教育方式，讓民眾認識鈣質，

進而從飲食改善，或於營養補充品中自然增加攝取量，應該是很重要的課題。尤其，近年來人們壽命延長，但慢性病也相繼增加；婦女更年期後骨鈣流失造成骨質疏鬆症，如何避免骨折與其它併發症等，更是迫切需要了解的部份，這也是營養專業人士的職責。相信讀者們不論有無生物學背景，都能從「鈣的聖經」中獲得有關鈣質的豐富知識，並強化與改善自身營養狀況，繼而增進健康。

在此鄭重推薦「鈣的聖經」並樂之為序。

輔仁大學前校長
中華民國營養學會第十、十一屆理事長
中華家政學會現任理事長
中華民國生活應用科學會理事長

鈣是健康的泉源

◎作者序

　　鈣是人類無法缺乏的營養物質，也是人體含量最多、需要量最大的礦物質。體重平均在65公斤的人約擁有1公斤的鈣質，而其中的99％都存聚在骨骼和牙齒中。另外1％的鈣質則存在於血液和各類肌肉與細胞組織中，並且發揮著維持生命的重要機能。其中包括有神經傳導、肌肉收縮，心臟跳動，腸道蠕動，賀爾蒙與激素的協調，血液凝固以及免疫系統的維護等重要的生理反應等，都依賴著這1％的鈣質。鈣在人體內扮演著非常重要的角色，人體內鈣的含量如果有較大的變動，就會對身體產生嚴重的問題。人體細胞與血液中鈣的濃度必須維持在穩定的平衡狀態，才能確保身體健康。

　　人體從出生後，即會經由飲食中攝取鈣質，但是，在現今美食與速食文化的盛行下，反而導致一般大眾普遍對營養素攝取不足，尤其以鈣的缺乏最為嚴重。如果經由食物中攝取的鈣量不足，則會導致血液中的鈣濃度下降，為了保持人體內血液中一定的鈣濃度，以維持人體的正常運作功

能，人體就會自動的從骨骼和牙齒中析出鈣質以供使用，來維持血液中一定的鈣濃度。因此，不但導致牙齒中鈣的流失，更造成骨質疏鬆的危機，同時也會導致細胞中鈣質增加，致使細胞內外鈣質的濃度失去平衡，引發體內各種器官產生障礙，嚴重的危害人體組織器官。

鈣質除了可以控制及保持人體體液的弱鹼性之外，還能適當的維持血液的凝血功能，假使沒有鈣，血液就不能凝結，受傷時就會因為流血不止而引起嚴重的問題。同時體內如有充分的鈣質，除了可以協助消除疲勞、降低焦慮，消除肩膀酸痛之外，還能預防腦中風、高血壓、心臟病、糖尿病、骨質疏鬆、動脈硬化、肝硬化、老人癡呆、肥胖等成人慢性病症。同時研究發現，多攝取鈣質對於癌症的預防上也能達到相當程度的功效。

鈣在人體所需的礦物質中占有最重要的地位，並且在醫學與營養學上有許多的研究，但是一般大眾對於鈣的認知上卻還有某些錯誤的觀念，諸如認為攝取過多的鈣會導致結石或動脈硬化等。事實上，除了極少數特異體質的人才會有可能因此產生結石外，一般人都能經由腸壁本身的調節功能，在人體缺乏鈣時，腸壁就會吸收鈣質，如果體內鈣

質已經足夠，則腸壁就會以選擇性的吸收身體所需要的鈣量，而將多餘的鈣質排出體外。所以從口中食入的鈣質，除了極少數的異常體質者外，完全沒有攝取過量的困擾。反之，當鈣攝取不足時，導致從骨齒中溢出鈣質，才是造成人體器官傷害的主要原因。

　鈣是健康之源，也是生命的發動元素，也可以說沒有鈣，就沒有生命的產生。本書以深入淺出的方式，讓讀者易於理解鈣質與人體的生理機能，鈣對人體的重要性，以及要如何有效的攝取鈣質。希望本書能為敬愛的讀者們開拓對鈣的正確認識，有助於大家的身體健康。

張慧敏

Part 1

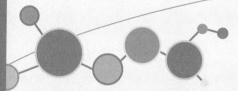

礦物質是人體結構的棟樑

現代文化愈進步，人體所需的礦物質就愈缺乏，
不得已的情況下，服用外在的礦物質補充劑，
顯然有其必要性。

礦物質是人體結構的棟樑
礦物質哪裡來？

　　雖然礦物質僅占人體體重的4％到5％，但卻是維持生命，構成軀體的重要成份。無論是動物或植物，他們的組織器官經過燃燒後，所留下的灰燼，就只含有礦物質，其中尤以鈣和磷的含量最多，占所有礦物質含量的3/4，而鉀、硫、鈉、鎂等礦物質的總和僅占其餘的1/4，而且其中並包含了極少的微量礦物質，驚人的是，這些微量礦物質的種類，卻多達70餘種。

　　雖然，人體可以自行合成某些種類的維生素，但是絕大多數的維生素都必須攝取自日常的食物。而礦物質的需求則絕對依賴食物和水的供給，別無其他途徑。為了延續生命，人類必須由水和食物中、或是營養補充劑中攝取足夠的礦物質。

人體灰燼中所含的主要十種礦物質：

礦物質	體內重量	重量比（%）
鈣（Ca）	840 g	1.4
磷（P）	600 g	1.0
硫（S）	120 g	0.20
鉀（K）	120 g	0.20
鈉（Na）	84 g	0.14
鎂（Mg）	16 g	0.027
鐵（Fe）	3.6 g	0.006
鉛（Zn）	2.0 g	0.0033
銣（Rb）	0.27 g	0.00046
鍶（Sr）	0.27 g	0.00046

　　依序舉出含量較多的10種礦物質，磷和硫雖然是人體必須的無機質，但二者均不是金屬，嚴格來說並非礦物質。

鈣與各類礦物質的均衡是生命的原動力

生命有賴於礦物質,礦物質對人類健康有絕對的重要性,沒有礦物質,就沒有生命。生物經過火化後的灰燼,就僅存礦物質。生物體細胞內的各種礦物質組合均衡,就能免於各類病痛,並能延年益壽。人類缺乏某些礦物質,會造成發育遲緩,免疫機能不足,抗病力低,精神狀態偏差,身體機能減弱,代謝作用異常,身體各部腺體均無法正常運作。

人體內,除了極少數的礦物質為游離狀態的金屬離子外,大部分的礦物質,例如血紅素、甲狀腺素等,皆以有機化合物的形態存在於體內。而其他部分的礦物質如磷酸鈣、氯化鉀和氯化鈉等則是以無機化合物之形態存在於體內。

許多重要的礦物質,例如,鈣、磷、鎂、硫是形成骨骼和牙齒的主要成份;稀有礦物質包括:鋅、鉻、硒、鈷、氟等也是形成體內酵素之必要元素,有了它們,身體內千餘種的生化機能,才得以正常運作。

西元1980年,美國國家科學研究會曾發表研究報告:「當一群人或是一個地區的人,普遍缺乏某種營養素時,水對他們而言更形重要,因為水中含有有益健康的稀有礦

物質。」此外，嬰兒飲用的母乳，亦含有各類礦物質，可
以幫助幼兒生長，及產生對抗疾病的免疫功能，其中尤以
鈣、鉀、氯的含量最高，才能維持嬰兒的正常生長與發
育。因此，礦物質實為生命延續的重要動力。

人奶中主要礦物質及其含量：

主要礦物質	濃度範圍 （毫克/公升）mg/L	稀有礦物質	濃度範圍 （微克/公升）μg/L
鈣	3.5	鋅	400~800
鎂	0.4	鐵	200~1,450
鈉	1.5	銅	150~1,340
鉀	5.7	硒	7~60
磷	1.5	鉻	0.43~80
硫	1.4	錳	6~120
氯	4.0	鎳	10~150
		鈷	0~440
		鉬	0~2

註：稀有礦物質含量差異性與授乳母親的飲食習慣有直接關聯。

文明愈進步，礦物質愈缺乏

　　由於食物在製作過程中，已喪失原始應有的養份，再加上環境污染、飲食作習不當等惡質條件，現今的人類慢性疾病和癌症的發生率已經比10年前平均高出40％～50％。

　　雖然不能將患病率升高完全歸咎於礦物質缺乏，但是兩者之間確實有密切的關聯性——當人體內礦物質降低時，疾病發生率就會提高。

　　美國醫學研究曾做過一份「慢性疾病與礦物質含量」的抽樣報告，以「每1000名病患」為單位，就缺乏礦物質鈣、鎂、氟、銅而產生骨骼畸形的患病率，由西元1980年年平均84.9人，提高至1994年平均124.7人。平均提升約47％。

「慢性疾病與礦物質含量」的抽樣報告

疾病：骨骼畸形

缺乏礦物質：鈣、銅、氟化物、鎂

1980年	84.9	
1994年	124.7	提升47%

▲西元1980年年平均84.9人，提高至1994年平均124.7人。平均提升約47％。
　來源：USDA, 1996: Werbach, 1993

幾種抽選蔬菜中礦物質的平均含量，1914～1997

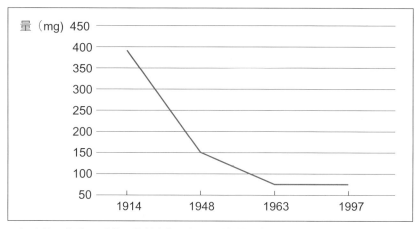

▲包心菜、生菜、番茄及蔬菜中鈣、鎂、及鐵質的含量平均指數（來源：Lindlahr, 1914; Hamaker, 1982; US Department of Agriculture, 1963; 1997）

人體中鈣與其他礦物質及微量元素不均衡的相關途徑

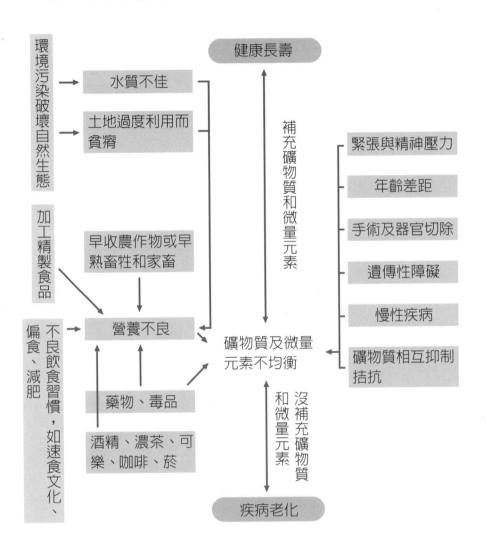

　　因此，現代文明愈進步，人體所需的礦物質就愈缺乏，在不得已的情況下，服用外來的礦物質補充劑顯然有其必要性。

現代人礦物質嚴重缺乏的原因：

1、偏食或是快速減輕體重，造成營養不良。

2、長期酗酒、頻尿、飲用大量的可樂、咖啡等飲料。

3、腸胃道吸收不良。

4、長期使用缺乏礦物質的注射液來供應營養。

5、長期服用藥物，例如，鐵的吸收會受到抗酸劑或四環素的影響。

6、經常使用利尿劑或氫氧化鋁抗酸片，體內的鎂及鋅會大量流失。

7、工作壓力過重。

8、水質污染，無法取得均衡的礦物質。

9、土壤貧瘠，礦物質含量少，致使農作物未能具備完整充分的礦物質。

10、為便利運輸，農作物未成熟即提早採收，因而未能完全吸收到土壤中的養分。

11、飼養家禽和家畜的過程中，使用過量抗生素及賀爾蒙，影響肉類本身所含營養素的品質，並且更加重肉類的污染。

12、礦物質的相互抑制作用，食用不均衡的礦物質，導致體內某些礦物質流失。

從上面各種統計表的資訊得知，現代人已經喪失對食物的信賴，因為根本無法從食物的表面得知其真正所含的營養價值，尤其是所含礦物質的多寡。

自然生態與生存條件嚴重失衡，威脅人類健康，如何維持體內礦物質的平衡，以確保身體各機能的正常運作，維持健康，正是現今人類急需解決的問題。

因而從礦物質補充劑中獲得無法由日常飲食中攝取到的需求量，是唯一補救的方法，鈣質的補充劑則又是一般大眾最為需要的保健食品。

鈣以宏量礦物質形態存在於人體中

礦物質可依人體的需求量來區分，若每日需要的攝取量大於100毫克（mg），稱爲宏量礦物質或是巨量礦物質（ultratrace mineral），例如，鈣、磷、鈉、鉀、氯、鎂和硫等；若每日的攝取量少於100毫克，則稱爲微量礦物質（macromineral），例如，鐵、銅、鋅、錳、錫、矽（硅）、氟等；而每日用量以微克計算者，稱爲超微量礦物質（micromineral），例如，硒、釩、鎳、鉻、碘、鈷、鉬等。微量礦物質和超微量礦物質以及維生素等均爲人體必要的微量元素。

不同的礦物質具有不同的生理機能，並且主控人體各類器官、組織系統的功能。人體可由各種動、植物性食物、鹽、水和空氣中攝取到各種礦物質。影響人體吸收礦物質的原因很多，外在因素有：環境、空氣、土壤、水源等；內在因素則在於攝取礦物質的形態與質量，或是人體的健康狀況、性別、年齡與生活習慣等。

鈣是人體中需求量最多的礦物質，並且有99%的鈣存在於骨骼中，並與其他的宏量礦物質磷、鎂、硫以及微量礦物質和超微量礦物質矽、鉛、鋅、鉻、氟、鉺、鍶等組成骨骼與牙齒。

鈣與礦物質之間的交互關係

人體內的礦物質、微量和超微量礦物質之間,同時存在「協同」與「拮抗」(對抗)兩種交互作用,使人體各種生理機能處於精密的平衡狀態,這是由於各種元素之間的電子結構和物理化學相互間的差異性而造成彼此之間的協調或干擾。

礦物質間的相互關連性

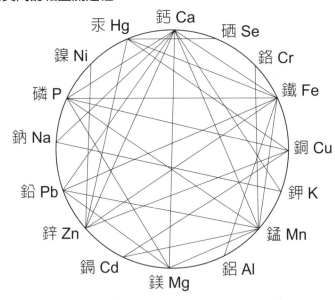

註:人體內的礦物質都是處於相互抗衡的狀態中,過多或過少都會影響其他礦物質的均衡現象。
感謝Journal of Orthomolecular Medicine, Vol.5. No.1, 1990醫學刊物應允刊登。

人體內某種礦物質過多或缺乏，除直接來自其攝取量的多寡外，更重要的是受到體內其它元素干擾的間接影響。因此在研究體內礦物質的需要量時，不能只從單一的一種礦物質加以補充，而要同時考慮到體內各礦物質和其他微量元素之間的相互關係和適當比例。例如大量的鈣或鎂會降低錳的吸收，過量的錳則會干擾鐵的吸收。鈣的吸收或流失又與人體內鐵的含量有關，過多的鈣會阻止鐵的吸收，同樣的體內吸收過量的鐵，也會導致鈣質的流失。因此鈣在人體的含量，又與鎂、鋁、錳、鉀、銅、鐵、硒、汞、鎳、磷、鈉、鉛、鋅、鎘等礦物質有相互的影響與關聯性。

對骨骼與牙齒有利的微量礦物質

◎矽、硼、氟、鍶等微量礦物質有助於骨齒強化

除了鈣、鎂、磷等巨量礦物質對骨齒生成，以及細胞代謝和各組織器官有重要功能之外，許多微量和超微量礦物質也直接參與骨骼和牙齒的合成，以及鈣質的吸收與排除機能，其中以矽（silicon; Si）、硼（boron; B）、氟（fluorine; F）、鋅（zinc）、鐵（iron）和鍶（strontium; Sr）為最重要。

◎矽是骨齒中含量最多的微量礦物質

微量礦物質矽亦可譯為硅，常以矽石或矽土的形式成為二氧化矽（silica; silicon dioxide）。

矽是人體所必須的微量礦物質，矽主要存在於成骨細胞（osteoblast）的粒線體（mitochondrion）中，以協助進行細胞內的代謝和呼吸功能，對骨質的硬度和成形亦有極為重要的功能。

矽存在於各類結締組織中，是細胞間黏液黏多醣類（mucopolysaccharide）的主要成份。

人體內含矽最多的器官組織除骨骼外，毛髮、指甲和皮膚都含有矽。

◎ 微量礦物質硼能改善蛀牙的發生率

硼對於人體營養的貢獻，直到1981年才受到重視。人體在受到壓力時就顯示出硼量短缺，這很可能是由於對抗壓力時人體對硼的需要量會增加的緣故。

硼可以促進鈣、鎂、鉀、磷的吸收與代謝，因此硼對於促進骨骼的合成、預防骨質疏鬆症都具有相當的重要性。

停經後的婦女若飲食中含有充分的硼，則可以加強其骨骼

中鈣和鎂的保存量，同時血清中的睪丸激素（testosterone）和雌性激素（17-beta-estradiol）的濃度也會提高。這種情形對低鎂鹽或缺乏維生素D的婦女更為顯著。

科學研究證實硼可以促進腦細胞功能，可以增強思考力和記憶力，預防並改善老年癡呆症。

許多研究證明，攝取足夠的硼可以改善蛀牙的發生率。

◎ 氟與牙齒的健康有密切的關係

正常成人體內含氟量約為每公斤體重70毫克，主要存在於骨骼和牙齒中，是骨骼和牙齒的重要成份之一。

氟與牙齒的健康，有密切的關係，氟可使牙齒健康、琺瑯質堅固亮麗，對預防蛀牙極有效果。

除鈣和磷之外，氟也是「關鍵性微量元素」。研究顯示，氟能幫助鐵的吸收，並能促進傷口癒合。此外，亦有研究證實，居住在「氟化飲水」地區的老人，其罹患骨質疏鬆症的機率較低，原因在於更年期婦女或不常運動的人，其骨骼中含鈣的氟化鹽比較不易發生脫鈣作用而耗損。

◎ 史前人骨齒含鍶量比現代人高

鍶和鈣都是組成骨骼的重要元素。研究人類進化的學者專家發現，史前人類的頭骨、骨骼、牙齒遠比現代人堅硬，而其鍶的含量也比現代人類高出很多。鍶可強化並堅固骨質，但現代人類的飲食中含鍶量極少，因此現代人類的骨齒也較脆弱。

鍶鹽可以減低自發性免疫機能失調所造成的發炎現象，並且可以降低骨骼方面的病情。

◎ 鋅是輔助骨內膠原蛋白合成的礦物質

鋅在成人體內含量約為1.5至3公克，主要存在於骨骼、肌肉和皮膚中。鋅是人體內許多酵素生成的主要微量元素。在骨骼合成過程中必須有鋅的幫助來完成膠原蛋白的合成。在缺乏鋅的狀況下，會使造骨細胞活性降低、骨骼畸形、長骨縮短變粗、脊椎彎曲、關節變形，因此，預防骨質疏鬆，需要有礦物質鋅的協助。

◎ 人體骨骼中有適量的鐵

　　鐵也是經常需要補充的微量礦物質。成年男子每公斤體重約含50毫克的鐵，成年女子每公斤體重約含35毫克的鐵。人體的鐵大約有70％儲存於血液中，10％存在於肌肉中，而其餘的鐵則存在於肝、骨髓和含鐵的酵素中。鐵與蛋白質結合成為鐵蛋白（ferritin），儲存在肝、脾和骨髓內，在骨骼的膠原蛋白合成的過程中，需要鐵來催化其中的許多相關酵素，如果在缺鐵的情況下，會出現骨骼生長遲緩的現象。

Part 2

鈣幫家族

在選擇鈣的補充品時,並不一定要看其含鈣量的多寡,而是要考慮到它的吸收率,也就是必須考量其生物利用率的高低,生物利用率越高,被人體吸收利用的量才會越多。

鈣幫家族
鈣的物理形式

　　鈣與鈹、鎂、鍶、鋇及鐳等六種元素，同屬於週期表中
ⅡA族元素。因其化學性質與鹼族元素和土族元素均有相
似之處，故稱為鹼土金屬或鹼土族元素。其中熔點、沸點
和硬度均隨原子序的增加而遞減。鈣是一種柔軟且輕的金
屬，屬於第20號元素，也就是其原子序為20，鈣之原子量
為40，它是由20個質子，20個電子和20個中子結合而成。
最外層的兩個電子，容易被鄰近帶陰離子的電子搶走，因
此會失去兩個電子，成為正二價的鈣離子。

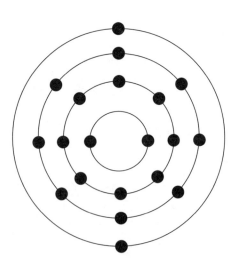

鈣Ca
原子序為20
原子量＝40
（P）質子＝20
（N）中子＝20
（E）電子＝20
在最外層軌道上的電子失去
後則成為正二價的原子Ca
●代表一個電子
○代表電子軌道

鈣對人體的主要功能

巨量礦物質鈣（calcium）是在西元1808年由科學家Davy
發現，並且將它命名為Calx，意義為「石灰」。鈣在人體
內含量比例居所有礦物質之首。人體內鈣的含量約為700～
1,400克（g），多以無機鹽的形式存在於體內。其中99%存
在於骨骼與牙齒中，鈣與磷結合成為鹽類，例如，磷酸鈣
$Ca_{10}(PO_4)_6(OH)_2$，磷酸鈣能使骨骼強硬，牙齒堅實。

有利鈣質吸收的因素

鈣質的吸收，大部分在小腸的前端，也就是在十二指腸的
部位就被吸收了。有利於鈣質吸收的因素有：

1. 人體對鈣質的需求量。平日我們從飲食中對鈣的吸收率
   約為30%，但是正處於生長期的兒童、孕婦和授乳的母
   親，因為對鈣質的需要量大，因此從日常飲食中對鈣的
   吸收率可增加至40%以上。但是個人對鈣質吸收的差異
   性很大，可以從10%至40%。一般而言，鈣質的吸收量
   與身體的需要量成正比。

全家如何參與鈣幫家族

2. 鈣的吸收率與胃酸的分泌有密切的關係,除了離子化的鈣外,一般鈣鹽必須先溶解在酸性溶液中,因此胃酸的多寡就直接影響到鈣鹽的溶解度,同時當膽汁、胰液和食糜混合後因為鹼度增加,也能降低鈣鹽的溶解度,一般老年人因為胃酸減少,因此對鈣的吸收率逐漸降低。

3. 蛋白質的供應量與鈣的吸收率有正負兩面的影響,飲食中含有充分的蛋白質,同時能供應某幾種胺基酸,例如,離胺酸(賴氨酸)(lysine)、精胺酸(arginine)及絲胺酸(serine)、色氨酸(tryptophan)等,有助於鈣質的吸收率,因此一般食用高蛋白質飲食的人,其對鈣質的吸收率較食用低蛋白質飲食的人要高,但若食用過量的蛋白質,則會導致體內鈣質的流失。

4. 腸道內酸菌的多寡也是促進鈣質吸收的原因,一般的嗜酸菌,例如乳酸菌,能維持腸道內適當的酸性環境,有助於鈣質的吸收。

5. 維生素D能幫助鈣質通過小腸黏膜,並可促進小腸黏膜細胞分泌與鈣結合的蛋白質,增加對鈣質主動運送到細胞內的功能,因此有助於鈣質的吸收。

6、維生素C能使腸道維持適當的酸度,也有利於鈣質的吸收。

鈣需要先離子化才能被吸收利用

在礦物質或其它元素中，由於其原子含有為數相同的電子和質子，所以其淨電荷為中性。但是，如果原子失去一個或多個電子，或原子獲得一個或多個電子時，就會使該原子的淨電荷產生變化，這時候原子就變成離子(ions)。鈣質失去兩個電子形成兩價的鈣離子(Ca^{2+})。

由於離子溶解在水中時具有導電的能力，因此又稱為電解質(electrolytes)，因為它們帶有電荷，所以離子溶液會傳導電流。氫原子和大多數金屬原子很容易形成離子，而大多數原子獲得或失去的電子數目大多是一定的，因此形成的離子型態也具有一定性的形態。淨電荷為正的離子，也就是失去電子的原子稱為陽離子(cation)，一般金屬均為陽離子；淨電荷為負的離子，也就是獲得電的原子稱為陰離子(anion)，形成離子的過程就稱為離子化(ionization)。

全家如何參與鈣幫家族

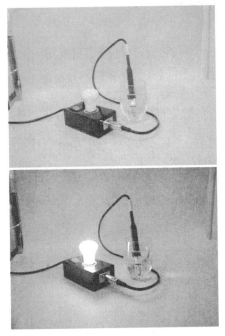

左圖上顯示出以電測試器放入自來
水中，因缺乏電解質而不能導電，
因此燈泡不亮。

左圖下離子化礦物質具電解性，具
有導電功能，加入水中後則能使燈
泡發亮。人體中重要的電解質包括
鈉離子(Na^+)、鉀離子(K^+)、鈣離
子(Ca^{2+})、鋅離子(Zn^{2+})、氫離子
(H^+)、碳酸離子(CO_3^{2-})、磷酸離子
(PO_4^{3-})、硒酸離子(SeO_3^{2-})等。

　　我們已經知道，離子就是電解質。想要維持身體功能正
常，確保身體健康就必須維持體內離子的均衡，若是體內
礦物質和稀有礦物質的含量比率有所改變，疾病就會產
生，其主要原因，就在於離子化的礦物質在體內之吸收與
滲透作用的不協調。

　　礦物質只有在兩種型態下能夠導電，其一是熔合，例如，
銅絲能導電；其二即為溶於水後，形成離子，而人體僅能
利用離子化的礦物質來產生「生物電能」。許多重要生理

機能，皆需要不同的離子參與。鈣離子不但在肌肉收縮中占有重要的地位，同時能調節毛細血管和細胞膜之間的滲透壓；調節凝血功能；協助神經傳導；傳遞訊息至心肌；協助肌肉收縮；調節血液鈣的平衡等生理功能，並且是骨齒的主要元素。鈣離子與鉀、鈉、鎂等離子同是人體生理結構中最重要的金屬離子。

妨礙鈣質吸收的因素

妨礙鈣質吸收的因素除了因為生理狀況以及前述有關蛋白質、維生素C和維生素D不足外，還有下列數種原因：

1. 腸胃道蠕動過快，經常腹瀉的人，由於食糜經過腸道的速過快，因此鈣質無法充分被吸收。

2. 飲食中含過多的纖維質。因為纖維帶著部分鈣質，不能為人體消化收吸，因此鈣質也隨著纖維質一起排出。

3. 腸道偏鹼性，妨礙鈣鹽的溶解，因此鈣的吸收量減少。

4. 飲食中草酸（oxalic acid）的含量過高。草酸是一種有機酸，多存在於菠菜、芥菜、甜菜、茶葉和可可粉中。草酸能與鈣結合成為不能溶解的草酸鈣，無法為人體所吸收。但只要在日常生活中不大量食用，對人體中的鈣量，不至影響太大。同時菠菜中所含的鈣，足以和其所含的草酸結合，而不致影響到其他食物所含的鈣質。

5. 植物酸（phytic acid），植物酸也是一種有機酸，多含於穀類的糠皮中，可與鈣結合成為不能溶解的植物酸鈣。但是如果平日鈣的來源充足，且穀類占日常飲食之比例正常的情況下，不致造成太大的妨礙。

6. 體內過多的脂肪酸能在腸道中與鈣結合，形成難溶於水的鈣鹽，即為俗稱的鈣肥皂。因此飲食中含過多的脂肪或是脂肪代謝不良，都會導致鈣的吸收量減少。

7. 經常飲用蘇打汽水、鹼性飲料、糖果等食物，以致中和胃酸而阻礙了鈣的吸收。

鈣在人體內的代謝作用

鈣質的代謝作用對人體的生理現象，極為重要。其中包括了維持血鈣的正常濃度，以及保持體內酸鹼的平衡。與鈣在人體內的代謝作用互有關聯性的包括了腸胃對鈣的吸收量與排出量；骨骼內鈣質的適度儲存量；腎臟對鈣由尿液中排出量；副甲狀腺對鈣質恆定調節度。因此對於人體內的鈣質，不但要瞭解其吸入率更要瞭解其排出的平衡率。

成人每日所需的鈣量，其實並不多，也就是鈣真正的「必要量」平均為體重1公斤只需要10毫克的鈣量。但是因為身體機能各有差異，生活環境的差距性，再加上食物中鈣質的成分不同，因此鈣的「必要量」比從食品中獲得的「需要量」要少得多。

由於代謝作用，每人每日必定喪失鈣質，所以必須要注意鈣質的補充，否則將無法維持體液鈣質的平衡。

平均成人每日由代謝作用中排出體外的鈣量約為340毫克，其中經糞便中排出為150毫克，經尿液中排出140毫克，經汗水中排出40毫克。因此成人每日從飲食中攝取補回其每日流失的鈣量，如果以50%為吸收率來計算，至少每日需要攝取680毫克的需要量，才能維持體內所需的最低鈣量，也就是一般所謂的「鈣的平衡維持量」。

鈣的每日需要量

成人所需要的鈣量，與年齡、性別以及平日的運動量有相當的關係。一般而言，平均每人每日所需量可從500毫克至1,200毫克不等。許多醫師和營養師建議，停經期以前的婦女每天攝取至少1,000毫克，孕婦、停經後的婦女和年長的男性，每天應該攝取1,500毫克。攝取低量蛋白質的人，其每天鈣的需要量也較低。因為通常高量蛋白質也含有高量磷酸鹽，影響鈣的吸收。

因此，為了確保攝取足夠的鈣量，美國國立科學院近年來已經把每日所需的鈣量增加，就是考慮到食入體內後有部分鈣質並未能被吸收而又被重新排出體外，因而不能給予身體所需充足鈣量。也就是當討論到食物營養成份的量時，必須考量到「需要量」和「必要量」的不同。為了維持健康人體內不可缺少的份量，即為「必要量」，確保必要量的方法除了靠食物外，也可以藉由打針、吃藥或食品補充劑來達到必須的份量。然而經由食物吸收的方式，並不能達到百分之百的吸收率，所以若要確保必要量的話，就得考慮到食物養分的真正利用率和耗損率，也就是要考慮到胃腸的吸收力。

　　吸收情況乃依人而異，也依其食物中的成分而不同，同時再加上外來環境等各方面的因素影響，因而當考慮到各種吸收條件後，則由食物中應該攝取到的某些特定元素，就得增加其所需的量，如此才能到達身體所需的「必要量」，也就是實際上吃下去的份量為「需要量」。當然，「需要量」一定會比「必要量」為多，若沒有適當的「需要量」就無法維持「必要量」。鈣質的「需要量」往往比其「必要量」大很多，原因就在於食物中的鈣質或是各種補充品的鈣質其吸收率經常只能達到20％～50％，甚至有些食品鈣質的吸收率更小於10％。

全家如何參與鈣幫家族

美國國立科學院所建議的鈣質每日攝取量〔以毫克（mg）計算〕

出生至半歲	360 mg
半歲至1歲	540 mg
1歲至10歲	800 mg
10歲至18歲	1,200 mg
停經前的婦女	1,000 mg
停經後的婦女	1,500 mg
男士	1,000 mg
懷孕期／哺乳中的婦女	2,000 mg

美國營養協會所建議的鈣質每日攝取量〔以毫克（mg）計算〕

幼童出生～3歲	400～800mg
兒童4～10歲	800mg
孕婦及哺乳母親	1,200mg
成人與青少年	800～1,200 mg

加拿大衛生署所建議的鈣質每日攝取量〔以毫克（mg）計算〕

兒童7~10歲	700~1,000mg
孕婦及哺乳母親	1200~1,500mg
成人與青少年（女性）	700~1,100mg
成人與青少年（男性）	800~1,100mg

註：鈣質每日需要量各國及各健康機構並未完全統一，但是原則上所需分量出入並不大。超過2,000mg量後，對鈣的吸收率並沒有幫助。

鈣的補充劑的種類與來源

在人體中鈣是礦物質中需求量最高但卻經常不足的元素，以現代生活環境以及速食文化下，想要由飲食中獲取足夠的鈣質，幾乎不太可能，因此，補充鈣質便成了維持骨質及身體健康最方便的方法。在市面上鈣的補充劑種類繁多，因此必須審慎選擇。在選擇鈣的補充品時，並不一定要看其含鈣量的多寡，而是要考慮到它的吸收率，也就是必須考量其生物利用率的高低，也就是所謂的「生物效率」或是「生體利用率」（bioavailability），生物利用率越高，被人體吸收利用的量才會越多。茲將市面上常見鈣的補充劑加以個別分析說明。

◎ 碳酸鈣（calcium carbonate）

市面上銷售量最高，一般醫院經常使用的鈣補充劑，但是其吸收率較低。碳酸鈣是比較傳統的鈣質，是主要天然鈣的來源，多以牡蠣、珍珠或其它含鈣的動物骨頭，例如牛骨等物質萃取製成。一般消費者很難得知這些原料是否曾遭受到重金屬污染。有些牡蠣殼因受到海水污染而累積了大量的鉛，一但服用後，大半都聚積在骨頭裡，而且需要

停留許多年後含鉛量才會減半，如果廠家品管不良，則會造成鉛中毒。小孩比成人更容易鉛中毒，這是因為食物中的鉛進入胃腸後，兒童的吸收率為50％，而成人只能吸收10％，而且鉛比較容易進入兒童的腦部，使腦神經受損。如果以合成方式製成的碳酸鈣，其原料純度和鈣質含量都比天然鈣確實。美國國家乳品委員會曾經認為由食物中攝取的天然鈣比合成鈣容易吸收，但是後來研究證明，食物鈣和合成鈣的吸收一樣好，而且合成鈣不會有鉛、銅、汞等重金屬污染的問題，因此安全性也較高。碳酸鈣難溶於水，不是活性鈣，必須和食物或飯後服用，靠胃酸轉化成活性離子後才能被腸道吸收，同時可能在胃中產生二氧化碳而導致胃脹氣，同時有些人服用後會引起便祕現象，但是碳酸鈣原料豐富，故售價便宜，也是一般大眾最常用的鈣質補充品。當然，市面上也有出售標榜壯骨美膚價格昂貴的珍珠粉，其所含的鈣也是鈣酸鈣，因為珍珠粉也是天然鈣，所以在購買時也要慎選品質。

◎ 檸檬酸鈣（calcium citrate）

檸檬酸鈣的溶解性佳，不需要胃酸活化就能被吸收，它能輕易轉化成爲離子鈣形式，被人體直接吸收利用。依據美國臨床藥學雜誌（Journal of Clinical Pharmacology 1999; 39: 1151-1154）的研究報告指出，檸檬酸鈣的「生物效率」遠比傳統的碳酸鈣好。研究報告中指出，血鈣濃度在服用檸檬酸鈣後的數小時內，比服用碳酸鈣的鈣片高。碳酸鈣在食用後容易產生胃脹氣，而且最好在飯後服用，否則沒有胃酸分解就很難吸收，檸檬酸鈣則沒有這些缺點。報告中指出，檸檬酸鈣不僅在空腹時人體的吸收比傳統碳酸鈣好，就連飽餐後也比起碳酸鈣的吸收率高。並且檸檬酸鈣對副甲狀腺素的抑制作用也比碳酸鈣高出了50％，因此，更進一步地證明檸檬酸鈣可以很快地在血液中出現高峰，顯示出快速的吸收率。一般而言，檸檬酸鈣的「生物效率」是碳酸鈣的2.5倍，比較兩者的吸收率，自然是以檸檬酸鈣較好。不過，檸檬酸鈣的成本比碳酸鈣昂貴，並且，檸檬酸鈣所含的鈣的比率爲21％，比碳酸鈣的40％低了將近一倍。所以，如果要攝取同樣重量的鈣，檸檬酸鈣的量就必須要比碳酸鈣多將近一倍。檸檬酸鈣在血液中的溶解

度比會產生結石的草酸鈣（calcium oxalate）為高，因此檸檬酸根會搶奪結石成份中的鈣，而達到預防產生草酸鈣結石的功能。

◎ 乳酸鈣（calcium lactate）

乳酸鈣的來源多為奶製品，例如牛奶、優酪乳等，研究顯示當鈣質與乳酸結合時，會比較容易被人體所吸收，但是其「生物效率」雖高，但因成本過高，因此並非常用的鈣質補充劑。

◎ 磷酸氫鈣（雙磷酸鈣）（calcium phosphate dibasic）和磷酸鈣（calcium phosphate tribasic）

磷酸氫鈣（雙磷酸鈣）和磷酸鈣並不是一般的鈣質補充劑。多半用在醫療範圍。磷酸氫鈣和磷酸鈣，主要的作用有兩方面，一個是抑制破骨細胞的作用，降低破骨細胞的功能，避免骨骼溶解；另一個作用是與鈣結合，在骨骼表面形成一層強硬的雙磷酸鈣。這類的鈣是應用在治療破骨細胞功能亢進的疾病，例如變形性骨炎（Paget's disease）以及因癌症所引起的高血鈣症，近來在醫學界也以雙磷酸

鈣來治療骨質疏鬆症，但是也可能產生腸胃問題，例如噁心、消化不良、腹瀉或便祕等副作用。

◎ 乳清鈣（whey milk calcium）

乳清鈣來自於優格、起司，是從酸牛奶中提鍊萃取出來的製造乳酪凝結後所留下來的液體。乳清鈣的「生物效率」是所有鈣的補充劑中最高的，因爲乳清鈣含有適量的蛋白質與磷，可以幫助鈣質吸收因此，其吸收利用率頗高，乳酸鈣與乳清鈣含有許多有利骨骼生長的礦物質，例如，磷、鎂、鉀、鈉、鐵、鋅、銅等，其中鈣和磷的比率爲2比1，這是最有利於增強骨質密度（bone density）的比例。

◎ 葡萄糖酸鈣（calcium gluconate; calcium glutentate）

醫學研究葡萄糖酸鈣可以治療中度或潛伏性的血鈣過低症所引起的手足搐搦和肌肉過度興奮緊張。因此最新的補鈣劑中以葡萄糖酸鈣最爲醫師們喜愛。葡萄糖酸鈣的分子式爲$C_{12}H_{22}CaO_{14}$，它是由葡萄糖（glucose）經過氧化電解後再和碳酸鈣作用而產生的。目前有口服型式和注射液兩種

型式做爲鈣的補充品。葡萄糖酸鈣經常被用在製造水果凍的食品工業上,因此是一種安全有效的鈣質補充品。

鈣的天然來源

鈣的天然來源很多,綠色蔬菜類,例如,芥菜、芥蘭菜、莧菜等;乳製品,例如,牛奶、優酪乳、乳酪、起士等;堅果類,例如,杏仁、核桃、南瓜子、小麥胚芽;海產甲殼類,例如,蛤蜊、牡蠣和蝦類、魚等;此外,蛋、黃豆和豆製品以及糖蜜等,均含豐富的天然鈣質。

每100公克食物含鈣量

500毫克（mg）以上	乳酪、奶粉、蝦米、髮菜、海帶、條仔魚、小魚干、芝麻、洋栖菜、裙帶菜、海藻類
200~500毫克（mg）以上	豆腐、豆干、黃豆、豆鼓、木耳、枸杞、乾金針、青椒葉、荷蘭芹、芥藍菜、蘿蔔葉、吻仔魚、蜆、沙丁魚、泥鰍、魚鬆
100~200毫克（mg）以上	牛奶、羊奶、杏仁、蓮子、海蟹、鮑魚、香菇、雪裡紅、蘿蔔乾、紫蘇葉、黑糖、莧菜
100毫克（mg）以上	雞蛋黃、牡蠣、蝦、毛豆、黃豆粉、菱角、萵苣、韭菜、空心菜、蘿蔔、芋頭、菠菜

乳清鈣是水溶性的鈣

牛奶中含有豐富的鈣、鎂和磷,而且其中鈣與磷的比例和人體骨骼中鈣與磷的比例非常接近。因此一般醫師和營養學者都建議平日多喝牛奶。但是如果大量飲用牛奶,可能造成蛋白質過剩,反而導致鈣質流失。再則東方人對乳糖的耐力不足,造成腹瀉、漲氣或是不吸收的現象。同時牛奶中的鈣進入人體後,會有許多阻礙它吸收的因素,例如甜菜、馬齒莧和菠菜等含有多量的草酸,會與食物或牛奶中的鈣結合成不為腸道吸收的草酸鈣而排出體外。

乳酸鈣與乳清鈣是經過特殊技術,從牛乳中提取出水溶性的鈣質,在人體內可呈現離子狀態,不需要再經過分解的過程而能直接被吸收利用,能夠迅速的調節血鈣平衡,以改善體質。

Part 3

鈣對於人體的影響

鈣質缺乏，可導致兒童發育遲緩、老人骨質疏鬆，同時也容易引起疾病。反之，鈣量在體內過多時，則會導致心跳緩慢、肌肉無力，並容易引起組織鈣化和結石，而真正導致血液和細胞內鈣質超出所需範圍的原因則是因為鈣質攝取量的不足，就是所謂的「鈣逆論」。

鈣對於人體的影響

鈣缺乏對身體的影響

鈣質缺乏，可以導致兒童骨骼及牙齒發育遲緩、老人骨質疏鬆、肌肉手足抽搐痙攣、下背酸痛、血液不易凝固、心悸、指甲脆弱、失眠等，同時也容易引起心血管疾病、高血壓、動脈硬化、氣喘、關節炎的病痛。反之，鈣量在體內過多時，則會導致心跳緩慢、肌肉無力，並容易引起組織鈣化和結石。

但是所謂的鈣過量則是針對血液和細胞內的鈣量過多而言，而真正導致血液和細胞內鈣質超出所需範圍的原因則是因為鈣質攝取量不足。此點將會於「鈣逆論」中詳加解說。

人體鈣質缺乏時對各器官的影響：

1、骨骼發育遲緩，身材細短。

2、牙齒與骨骼脆弱，並能引起骨質疏鬆症。

3、容易引起蛀牙。

4、胸骨變形致使胸部狹長，變成雞胸或漏斗胸。

5、骨髓的造血功能減弱導致紅血球產量減少，而造成貧血現象，同時白血球數量下降，吞食細菌能力減退。

6、血小板數量降低，使血液不易凝固。

7、影響平滑肌的收縮，導致胃腸蠕動緩慢引起胃酸分泌不足，消化不良和便秘。

8、血管彈性減弱，導致血壓不正常。

9、心臟血管收縮不正常，產生心血管疾病。

10、肝臟機能減低並能導致肝硬化。

11、支氣管黏膜的纖毛運動減少，導致呼吸不順暢，支氣管內異物不易排出體內而產生支氣管炎或氣喘。

12、上呼吸道及鼻黏膜自律功能減弱，易患鼻子方面疾病。

13、肌肉發育時伸張力降低鬆弛，導致肌無力或抽搐痙攣。

14、容易疲勞，體力恢復困難。

15、腦部發育不良，甚而引起幼兒先天性腦水腫症。

16、腦神經細胞過度興奮亢進，造成失眠、神精衰弱及其他精神方面的疾病。

17、影響多種激素及賀爾蒙的產生，致使內分泌腺體失調，引發多種慢性疾病。

18、男性精蟲活動力減低，不易受孕。女性可能引發妊娠併發症。

19、容易引起器官結石。

20、鈣不足易引起視力模糊，產生白內障。

全家如何參與鈣幫家族

鈣不足對人體器官組織的影響

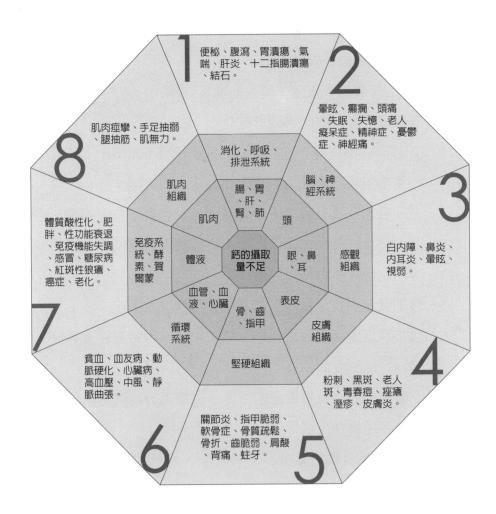

便秘、腹瀉、胃潰瘍、氣喘、肝炎、十二指腸潰瘍、結石。

暈眩、癲癇、頭痛、失眠、失憶、老人癡呆症、精神症、憂鬱症、神經痛。

白內障、鼻炎、內耳炎、暈眩、視弱。

粉刺、黑斑、老人斑、青春痘、痤瘡、溼疹、皮膚炎。

關節炎、指甲脆弱、軟骨症、骨質疏鬆、骨折、齒脆弱、肩酸、背痛、蛀牙。

貧血、血友病、動脈硬化、心臟病、高血壓、中風、靜脈曲張。

體質酸性化、肥胖、性功能衰退、免疫機能失調、感冒、糖尿病、紅斑性狼瘡、癌症、老化。

肌肉痙攣、手足抽搐、腿抽筋、肌無力。

消化、呼吸、排泄系統

腦、神經系統

感觀組織

皮膚組織

堅硬組織

循環系統

免疫系統、酵素、賀爾蒙

肌肉組織

肌肉

腸、胃、肝、腎、肺

頭

眼、鼻、耳

表皮

骨、齒、指甲

血管、血液、心臟

體液

鈣的攝取量不足

人的一生有許多時期都需要大量的鈣質

◎ 胚胎期

　　婦女懷孕後其腹中的胎兒逐漸開始
生長，尤其是在懷孕3個月後，胎兒
的骨骼發育非常迅速，所以即使是
早產兒，其出生時雖然很小很輕，
但是他骨骼發育的架構已經完全成
形。一般而言，胎兒在發育很快的
妊娠中期和後期需要的鈣量更高，
胎兒身體中含鈣總量約為25公克至
30公克。

▲6個月大胎兒的骨骼發展

　　也就是胎兒的骨骼和牙齒占了其整
個身體結構的大部分，而胎兒的牙齒早在受孕的第8週時就
開始形成，骨骼則在受孕後第12週就開始鈣化，因此鈣質
對胎兒的成長最為重要。

◎ 嬰兒期

嬰兒期是鈣質在骨骼中累積的最大效率時期，嬰兒可以從母乳和外加鈣質的嬰兒配方中獲得大量鈣質，為骨骼奠定良好的基礎。

嬰兒在剛出生時身體內含鈣量就有25公克左右，而其出生後的第1年其體內含鈣量就達到65公克，也就是在出生後的1年間，體內的鈣質就增加了40公克，所以說嬰兒期的孩童每日平均需要吸收到至少110毫克的鈣質，才能順利發育。

然而嬰兒在吸收鈣的同時，每天因為排便、排尿和排汗而排出了大約40毫克的鈣，如果假設從食物中攝取到的鈣質，其吸收率為50%的話，那麼一天就需要攝取300毫克的鈣質，才能達到身體鈣質的需要量。如果所攝取鈣質來源的吸收率差，或是因為其它因素阻撓到鈣的吸收率，則每日需要攝取的鈣量總質就得相對的調整增加。

◎ 青春發育期

青春發育期的男性在11歲至19歲之間，女性則是10歲至17歲之間的青少年，他們的內分泌系統活躍，性賀爾蒙大量

分泌，因此促進鈣的吸收率提升至50％以上，並且有加速骨骼貯存鈣質的能力，此時，骨骼的生長、鈣化與身高明顯的增高，在青年發育期需要補充充足的鈣質，才能使骨骼生長達到正常的高度與密實的骨鈣密度。

◎ 成人期

30歲至35歲的成年人其骨鈣質含量達到最高峰。在此年齡之前需要多存鈣質，以防成年期之後，因為吸收率逐漸下降而產生骨鈣的耗損。成年期後的人對鈣的吸收能力有一定極限，不必一次大量的補充，鈣在骨骼的堆積是一點一滴的，需要長時間累積，到了成人期的人應該採取「細水長流」的補鈣方法，每日都要獲得充足的鈣質，和適當的日光照射和運動，才是強健骨骼最有效的方法。

◎ 老年期

老年人一天的鈣需要量雖然和一般成年人相同，但是由於老年人的腸胃消化和吸收力較差，而且由糞便和尿液中排泄的鈣質反而增加。換言之，即貯藏於骨骼中的鈣質較少，而由骨骼中排出的鈣質較多，此種現象，尤其以女性

更為明顯。同時，老年人在食量上大致比一般成年人少，而且對食物的選擇性較少，因此容易造成鈣質不足。老年人更應該有計劃性的來攝取鈣質，鈣的補充劑可以說是老年人更方便也最定量的鈣質來源。

鈣對於水質與人體健康的影響

軟水與硬水的主要區別在於其所含礦物質的多寡；若以水中所含鈣鎂量的多寡而定，並以水中碳酸鈣$CaCO_3$的ppm來換算，就可很明確的知道軟水和硬水的差異了。

碳酸鈣在硬水和軟水中的份量：

高度硬水	350ppm以上
中度硬水	150~350ppm
輕度硬水	50~150ppm
軟水	50ppm以下

水中的鈣、鎂、鐵、錳等礦物質較多時，其陽離子易與水中的特定陰離子結合，形成某些程度的「硬度」，稱之為「硬水」，反之，則稱為「軟水」。硬水經煮沸後，會產生礦物質沉澱，並形成加熱器的管線「鍋垢」，用硬水洗**保**

滌衣物則需較多的肥皂方能去除污垢。同時，「硬水」的口感較「軟水」差，國人平日習慣飲用軟水，因此，如果出國旅遊，飲用較多量的硬水，可能會引起腹瀉。然而，長期飲用「軟水」，會造成礦物質缺乏。

飲用水是人類每日生活必需品，飲用水的品質不僅關係著人體的健康，也由於生活品質的提升，水的口感也成為重要的選擇條件。

水的硬度受水中溶解多價之陽離子的影響而有差別，其中以鈣和鎂為主要成分，其餘則為鍶、鋇、鐵、鋁、錳等多價陽離子。此外，水的硬度亦受到pH值的影響而有所不同。一般而言，水的硬度過高（超過300mg／L），口感不佳。中等硬度的水則因含有適量的礦物質，所以喝起來比較甘甜，而且，若是水中又含少量的二氧化碳和氧，那更是清涼可口。

專家學者研究「飲用水中的硬度對人體健康的影響」，其結論為「水中硬度的高低與循環系統疾病的罹患率呈反比關係」，換言之，經常飲用硬水的居民其中風和心肌缺氧的死亡率隨飲水之硬度增加而減少。國內自1996年至1998期間研究報告顯示，飲用水硬度與心臟病及腦血管疾病的

死亡率呈反比關係，此外，有關直腸癌及結腸癌案例分析結果，飲用水的鈣濃度與其患病風險亦呈反比關係，也就是說，飲用水中鈣濃度愈高，則腸癌罹患率愈低。

解開百病根源之「鈣逆論」

保持鈣在人體內分布的衡常性中，最重要的組織就是能將細胞內液與細胞外液分隔開來的細胞膜，細胞膜是一種超薄膜狀的蛋白質構造物，其厚度僅有0.5微米（1微米相當於100萬分之1公分），細胞膜能接收外部傳來的各種情報訊號，並且以「選擇性滲透」的方式來調節細胞內的各種物質。細胞膜以半滲透性方式進行細胞內水分調節，並且調節細胞內鈣、鉀、鈉、鎂等重要礦物質的濃度，以保存體液之平衡。

當血液中的鈣濃度降到標準以下時，副甲狀腺賀爾蒙就會催促骨骼釋出其貯儲的鈣質，並將其送至血液，藉以維持生理平衡，使大腦運作正常，心臟收縮自如，胃腸、血管、肺細胞等平滑肌和肌肉才能正常運作。因為血液中所含的1％的鈣正是扮演著傳達各種情報至細胞的重要物質，一旦血液中鈣質下降，那麼啟動情報的訊息受阻，生命現

象就會混亂甚至導致死亡。「鈣是生命的火花」這樣的比喻眞是說到了鈣的重點。雖然有99%的鈣存在於骨骼中，但是剩下1％的鈣，才是使細胞進行正常機能的重要因素。如果以血液中鈣的濃度爲10000的話，那麼細胞中的鈣量則必須維持在10000分之一。也就是說細胞內的含鈣量和細胞外血液和淋巴液的含鈣量的濃度比例是1比10000，唯有在這種1比10000鈣的比值下，人體細胞才能正確地發揮功能，維持身體健康。

如果每日所攝取的鈣量不足，血液中的鈣濃度因此降低，爲了傳遞鈣的情報訊息，維持生命的機制，人體的副甲狀腺中的鈣質感應器就接收到血液中鈣量不足的訊息，於是就分泌出副甲狀腺賀爾蒙，將骨骼中的鈣釋放至血液中來預防腦部與各細胞間訊息中斷，甚而導致心臟停止跳動的悲劇。但是經由副甲狀腺賀爾蒙從骨骼中釋出多餘的鈣，則會進入人體內各細胞組織中。因此血液中鈣的濃度雖然得以恢復了正常，但是也因而導致人體中各細胞內的鈣質增加，反而危害到細胞。如果鈣的攝取量持續不足，細胞與血液的濃度必須維持在1比10000的比例就會失調，細胞內的鈣將會增加，腦、心、血管、肺臟、肝臟等細胞內的

含鈣量逐漸增加，因而無法掌握到正確的情報訊息，無法進行正常的運作功能。因此，鈣的攝取量不足，反而會引起細胞內的鈣量增加，變成一種奇特的逆轉現象，這種現象就是所謂的「鈣逆論」。

一般人經常誤解，「結石」是因為鈣的攝取量太多而引起鈣結石。但事實上卻是完全相反，一般結石的原因是

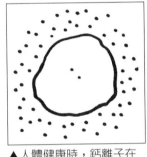

▲人體健康時，鈣離子在細胞內較少，在細胞外較多。

▲人體生病時，鈣離子在細胞內含量增多。

因為鈣量不足所引起的，這就是「鈣逆論」主要後果。當然，某些結石的原因，是因為鈣的攝取量過高，但是這種例子是發生在極少數身體機能異常，或是在某些藥物下而產生的副作用，一般大眾的結石原因都是因為鈣不足時而從骨骼中釋解出來的鈣進入細胞中所造成的。

平日鈣的攝取量不足，產生「鈣逆論」而造成結石之外，因為體內各種細胞含鈣量增加，如果在腦部，則引起腦細胞病變而得老人癡呆症，如果鈣化在血管，則會引起血管硬

化、高血壓、心臟病、糖尿病甚至癌症等慢性病，自然從骨骼中經常提取鈣質更會造成骨質疏鬆症。以「鈣逆論」而言，各種慢性病的根源就是從食物中攝取的鈣質不足。

器官老化影響鈣質的吸收

鈣的吸收，需要人體各種腺體的共同作用，尤其以腎上腺、副甲狀腺和甲狀腺最為關鍵性。隨著歲月增長，位於小腦上方的松果體（Pineal body）則逐漸退化，當松果體分泌旺盛時，人體其他內分泌腺，包括性腺、腎上腺、腦下腺、胰島腺、甲狀腺、副甲狀腺都能分泌充足，因而人體各種機能運作得以正常。近幾年來科學界發現，松果體與其產生的褪黑激素可以成為「人體老化的時鐘」，隨著年齡的增長，松果體與褪黑激素相繼退化。從1歲至20歲間是人體產生褪黑激素的高峰期，隨著歲月的增加到60歲時，其所分泌的褪黑激素只有成年巔峰期的一半。因此當松果體退化時，褪黑激素減少，人體的各腺體也跟著退化，包括控制鈣質代謝功能的副甲狀腺、甲狀腺以及腎上腺甚至性腺都逐漸老化，因而影響到鈣的吸收。這也是為什麼老年人容易骨質疏鬆、血管硬化以及組織鈣化的原因之一。

全家如何參與鈣幫家族

人體之內分泌腺體

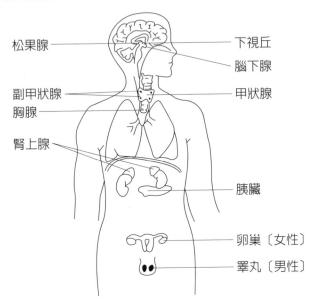

松果腺 ─── 下視丘

── 腦下腺

副甲狀腺 ─── 甲狀腺

胸腺

腎上腺 ─── 胰臟

卵巢〔女性〕

睪丸〔男性〕

人類一生當中褪黑激素濃度變化情形

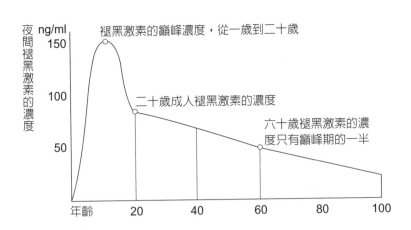

夜間褪黑激素的濃度

ng/ml

褪黑激素的巔峰濃度，從一歲到二十歲

150

二十歲成人褪黑激素的濃度

100

六十歲褪黑激素的濃度只有巔峰期的一半

50

年齡　20　40　60　80　100

如何避免泌尿器官產生草酸鈣結石

　　在泌尿科疾病中常見的疾病之一就是尿道結石，這是一種非常痛苦並且帶給病人極度困擾的疾病。一般的尿道結石多以草酸鈣結石最為常見，造成草酸鈣結石的主要原因就是平日攝取過多的動物性蛋白質，導致由骨骼中釋放出鈣質而增加尿液中的鈣質與水酸，同時尿液中的PH酸鹼值也會下降，增加形成鈣結石的危險。食用過多的鹽，也就是攝取高鈉的食物，也會增加尿液中含鈣量。平日甜食和油脂吃得太多，會降低腎小管對鈣質的再吸收能力，這些原因都是促成草酸鈣形成導致尿道結石的原因，也就是導致身體鈣質流失或吸收不良的缺鈣因素。

　　因此，預防草酸鈣結石的飲食法則就是要平日採用低脂肪食物，避免過量的甜食，適量攝取蛋白質，平日避免吃含高鈉的食物，例如醃漬物、臘肉、鹹魚、鹹蛋等含鹽量多的食物。平時也必須避免吃含草酸多的蔬菜類，例如菠菜。成人平日攝取的鈣量，不能低於800毫克，否則會造成負鈣平衡而使骨骼中的鈣質由血液進入尿液中，增加形成鈣結石的機會。某些尿道結石的病患，體內因為缺乏維生

素B6，而導致尿液中草酸量增加，因此，容易產生尿道結石的人平日要增加維生素B6的攝取量。

此外，不論泌尿系統中產生的結石型態為何，平日增加飲水量是必須的，可以稀釋尿液，使尿量增多，籍以幫助結石排出體外。每天的飲水量需要維持在3000至4000西西（CC），並且每天流尿量至少要在2000西西以上。研究報告同時顯示，身體活動狀態與結石的關係成反比，因此，每天適度的運動，不但可以預防結石的形成並且可以幫助結石排出體外。

鈣能排除體內的重金屬污染

基於礦物質之間的「協同」與「拮抗」的交互作用以及礦物質與其他微量元素之間的交互功能，鈣、鎂、鋅、硒、鐵等礦物質和維生素A、維生素C、維生素E等與硫氨基酸等能有效的排除體內有害的重金屬或過多的微量礦物質。鈣在人體的礦物元素中占有絕大多數的地位，因此排除重金屬的任務也是最先為首。

の

70

保護人體不受重金屬毒害的礦物質及微量元素：

重金屬	礦物質	其他微量元素
鉛（Pb）	鈣、鐵、鋅鉻、銅、鎂	維生素A、維生素B群、維生素E、維生素C、硫氨基酸、卵磷脂
鋁（Al）	鎂、鈣	卵磷脂、維生素B6、B12
汞（Hg）	硒、鋅、銅	維生素C、硫氨基酸、果膠、維生素E、維生素A
砷（As）	硒、鈣、鋅	維生素C、硫氨基酸
鎘（Cd）	鈣、鋅、硒鈷、銅、鎂鐵	維生素C、維生素E、硫氨基酸、卵磷脂
銅（Cu）	鋅、鐵	維生素C、硫氨基酸

鈣的平衡與牙齒的關聯性

◎牙齒的結構有利於鹼性體質

鈣與人類的牙齒從胚胎時期就開始建立了密切關係，母體中所提供的鈣量，除了供給胎兒骨骼成長外，其中一部分的鈣質也是為嬰兒的乳齒打好基礎。嬰兒期的牙齒如未能順利發育，就會影響到往後永久齒的健康。身體鈣

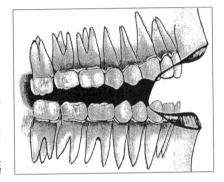

質的平衡關聯到牙齒正常發育或是牙生病痛的主要因素。

人類牙齒的結構，主食用的臼齒有五對，用來吃蔬菜等副食的門齒有一對，用來切割肉骨用的犬齒也只有一對。這顯示出來人類若按牙齒排列的比例選擇食物，應該以攝取蔬菜、水果等鹼性食物為優先，而以肉類為輔，因此從上古人類的飲食習性以及所遺留下來的體質結構推論，人類需要由蔬菜、水果中獲得所需的礦物質，並且要維持弱鹼性的體液，而鈣就是身體礦物質中最重要、含量最高的元素。

◎ 牙齒不好容易造成體液酸性化

如果牙齒不好，便無法充分的咀嚼食物，也無法讓食物與唾液充分混合，因此進入胃中大塊的食物，不能在胃裡充分的溶解，導致食物中的鈣質無法在胃中順利分解成為離子化形式，使鈣質在腸道中的吸收率大大降低。

◎ 牙齒表面有脫鈣作用和再鈣化作用

先進的國家對兒童們齲齒預防上除了加強鈣的攝取量外，也提倡在飲水、漱口液、牙膏中添加極少量的氟。因為氟素在口腔中會成為化學媒介，並且發揮其重要的功能，它可以增強唾液，以保護及修護牙齒表面的琺瑯質。有關唾液與琺瑯質之間的關係，可以由血液和細胞的關係來比喻，血液運送營養素供給細胞，並將廢物加以排除來保護身體健康。同樣地，唾液和血液擁有相同的功能，藉其功能來保護琺瑯質。氟素的最大功能就是能防止和抑制牙齒表面的脫鈣作用（鈣質由牙齒溶出），並且還可以促進再鈣化（修復）作用，氟素主要貯藏於琺瑯質與齒垢之中，通稱為氟素沉澱物。

如果在食用食物或是飲用飲料時的酸鹼值較低，也就是

PH質低於7時，主要貯藏於齒垢之中的氟素沉澱物則會釋放出來，發揮防止和抑制牙齒表面的脫鈣作用，並且可以促進唾液對牙齒進行再鈣化的修復作用，進而預防齲齒發生。

琺瑯質浸泡在含有飽和無機礦物質的唾液中，唾液和琺瑯質之間有鈣離子和磷酸離子在不斷地交換。鈣離子和磷酸離子存在於無機質和琺瑯質表面，也有存在於齒垢液的無機質與唾液之中，同時鈣離子和磷酸離子兩者在無機質之間保持了平衡狀態。如果牙齒特定部位的平衡狀態崩潰了，也就是鈣離子不足，或是有太多磷酸離子，結果導致無機質沉澱，而引起蛀牙的問題。所以，蛀牙最主要的原因，並非要口腔保持清潔，經常刷牙，而是在於礦物質和鈣質的平衡。

鈣與低血鈣症

低血鈣症的現象多出現於維生素D缺乏的病患，缺乏維生素D的原因則多半因為營養不良、維生素D的代謝不正常、肝臟功能障礙、胃切除、脂肪性下痢、慢性胰臟炎、副甲狀腺機能退化、高血磷等因素。低血鈣的病人常會出現手足搐搦，因骨質疏鬆而引發的骨痛和可能發生壓迫性骨折現象。

一般的治療方法多為以靜脈注射方式給急性患者注入葡萄糖酸鈣（calcium gluconate; calcium glutenate）。或是給以口服用的葡萄糖酸鈣來治療中度或潛伏性的血鈣過低症。

鈣與高血鈣症

　　高血鈣症的致病原因多半是因為副甲狀腺（甲狀旁腺）機能過盛，或是副甲狀腺瘤而引起副甲狀腺賀爾蒙的活性增強所致。維生素D中毒、結核病等引發的維生素D活性強化、轉移性的骨原癌而提高骨骼鈣再吸收、多發性骨髓瘤、腎上腺機能不足等原因也會引起高血鈣症。高血鈣的病患常出現嗜睡、迷睡、肌肉無力、疲勞、厭食、噁心、噁吐、腸絞痛、便秘、頻尿、夜尿、腎結石、心搏過緩、高血壓、搔癢症以及眼睛角膜病變和眼球鞏膜轉移性鈣化等症候。高血鈣的治療方法除了初期給以病患瀉鹽，除去水份，以血液稀釋法減少血清中鈣的濃度並提高尿中鈣的排泄量外，其他多以藥物治療與控制。高血鈣症的原因都是來自生理機能失調而非直接來自食物中攝取的鈣質。

Part 4

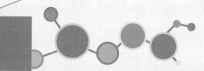

鈣質吸收的生理機制

雖然某些食品中含有豐富的鈣質，然而
若是無法被腸道有效的吸收也是浪費。
這必須視身體的狀態或是否有維生素D和
其他礦物質以及適量的氨基酸而定。

全家如何參與鈣幫家族

鈣質吸收的生理機制
調整鈣質平衡的三種賀爾蒙

　　維持血液中1％的鈣平衡，是維護人體生理機能正常運作的主要機制，同時要使99％的鈣質留存於骨骼與牙齒的堅硬組織內，針對這兩項鈣的調配量，人體有相當週全的對應方法，負責調節鈣濃度的主要物質就是副甲狀腺賀爾蒙、降鈣素（降血鈣素）、（體鈣素）（calcitonin）和活性型維生素D。

　　副甲狀腺很接近甲狀腺，是由4個小如米粒般的內分泌腺體所構成。副甲狀腺對於支配體內鈣質的分布，占有極重要的功能。以進化論而言，由副甲狀腺所分泌的副甲狀腺賀爾蒙或稱之為副甲狀腺激素是一種最新的進化產物。生活在海洋中的魚類，因為海水中含有大量的鈣，魚類藉由鰓的呼吸，可以從海水中充分均衡攝取到鈣質，因此不需要調節體內的鈣量，因此魚類沒有副甲狀腺賀爾蒙，反之，副甲狀腺賀爾蒙對於陸地的動物而言，就是非常重要的調節血液鈣量的物質。如果在陸地上的動物包括人類在內，從食物中攝取的鈣量不足，為了維持血鈣的濃度，副甲狀腺賀爾蒙就會大量分泌，從骨骼中溶取鈣質以保持血

78

液內鈣的平衡。因為當血液中鈣濃度不足時，就無法傳遞正確訊息到身體內的各種細胞，就可能會引起心律不整、手腳抽筋、肌肉痙攣、神經興奮、焦躁失眠等現象。

副甲狀腺賀爾蒙除了可以在必要時從骨骼中溶取鈣質外，它還能適當的限制鈣質從尿液中流失排出體外。同時它能協助腎臟不斷的製造出活性維生素D，這種活性型維生素D可以促使腸道增加對鈣質的吸收，即使食物中的含鈣量不多，但也能進入人體被充分利用，促進鈣的吸收。

活性維生素D也是一種鈣質調節的賀爾蒙，它是經由副甲狀腺賀爾蒙的指令，在腎臟中製造出來，但是如果腎臟本身功能低弱，或是從飲食中所攝取的維生素D沒有受到紫外線的作用，也無法形成活性維生素D，因此經常在室內很少接受到陽光照射的人，其鈣的吸收量會降低。隨著年齡的增加，即使副甲狀腺賀爾蒙不斷發出訊息，但是卻無法使腎臟充分的製造出足夠的活性維生素D，結果體內鈣質吸收不良，鈣質逐漸缺乏，導致副甲狀腺分泌過盛的病變。

副甲狀腺賀爾蒙和活性型維生素D的關係相當密切，二者共同維持血液中鈣濃度的平均。這兩種賀爾蒙也就是激素，是能提高血中含鈣量，但是血鈣的濃度有一定的標

準，不能過高，因此人體精妙的機制中產生了降鈣素，以限制血中鈣的濃度上升過量。降鈣素是由甲狀腺所分泌出來的，又稱為甲狀腺體鈣素（thyrocalcitonin）它有抑制副甲狀腺賀爾蒙的功能，當副甲狀腺賀爾蒙從骨骼中逐漸溶出鈣質時，降鈣素就會抑制副甲狀腺賀爾蒙分泌過多，以免造成血鈣濃度過高，並且降鈣素會將多餘的鈣回收存入骨骼中，以維持身體的正常運作，防止骨骼中鈣質流失造成脆弱現象。

棲息在海中的魚類因為海水中含鈣量很大，所以不需要副甲狀腺，但是他們卻會從鰓後分泌出許多降鈣素，以免過多的鈣在其體內流竄。降鈣素的分泌也會因年齡的增長而逐漸減少。現在醫學則開始使用從鮭魚或鰻魚等提煉出降鈣素作為藥物，當血鈣過濃時有效的加以控制，並且可以治療骨質疏鬆症。

女性賀爾蒙中的雌激素，對於副甲狀腺賀爾蒙也有抑制的作用，也可以預防骨骼中鈣質的流失，但是停經後的婦女，雌激素分泌遽減，這也是為什麼更年期後的婦女容易患骨質疏鬆症的原因之一。

鈣與賀爾蒙的吸收關係圖

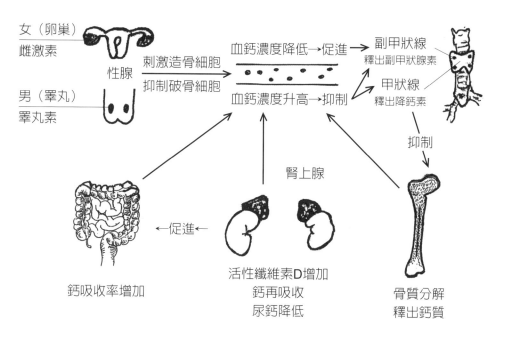

女（卵巢）
雌激素

男（睪丸）
睪丸素

性腺

刺激造骨細胞
抑制破骨細胞

血鈣濃度降低→促進

血鈣濃度升高→抑制

副甲狀線
釋出副甲狀腺素

甲狀線
釋出降鈣素

抑制

腎上腺

←促進←

鈣吸收率增加

活性纖維素D增加
鈣再吸收
尿鈣降低

骨質分解
釋出鈣質

鈣和蛋白質需一起食用

　　雖然某些食品中含有豐富的鈣質，然而若是無法被腸道有效的吸收也是浪費。這必須視身體的狀態或是否有維生素D和其他礦物質以及適量的氨基酸而定。蛋白質對鈣質的吸收有很大的影響，一般食物中所含的鈣質多半經過消化後只能由腸壁絨毛吸收5％，但是如果有適量的蛋白質，可將

吸收率提高2至3倍。因為蛋白質分解後所生成的氨基酸，例如離氨酸（賴安酸）（lysine）、精氨酸（arginine）、絲氨酸（serine）以及色氨酸（tryptophan）等能溶解磷酸鈣而促進鈣質的吸收。此外，氨基酸能促進細胞功能，因而能促使鈣質滲透性加強。但是，這類氨基酸必須來自於口中攝取的食物，才能產生功效。通常必須由食品或內服的藥物中取得，否則就無法改善鈣質的吸收。經過實驗得知，以注射方式獲得的氨基酸，無法增加鈣在腸道中的吸收率。此外，氨基酸和含鈣的食物，必須同時攝取，才能有助於鈣的吸收。也就是說，無論是先吃蛋白質或先吃鈣質食品，都無法達到增加鈣吸收量的目的。這也就是為什麼一般含鈣的補充品需要在進餐時一同服用的原因。

但是如果食用蛋白質過量，反而會導致鈣質流失，因為食入了過多的蛋白質會造成「酸性」體質，人體一旦酸性化，為了達到體液維持弱鹼性，就得從骨骼中提取鈣質來中和酸性，因此蛋白質過多，反而造成鈣質流失。一般體重正常的成年人，平均每日所需蛋白質的量約為45至60公克，因此，為了鈣的吸收與儲存，食用蛋白質的量必須適度才行。

經常食用速食會導致鈣質流失

　　速食的食物中爲了提高保存期和食物的口感，就必須添加防腐劑以及化學性的香料和食品添加物。速食麵爲了要增加麵的彈性則必須添加磷酸鹽在麵中。同時磷酸鹽也常被添加在火腿、香腸、臘肉、魚丸、肉丸中以提高其保濕度和彈性。各種調味粉也經常添加磷酸鹽用以防止凝結成塊以及使湯粉易溶於湯水中。同時一般的清涼飲料也加入磷酸鹽使味道更出色。雖然骨骼中需要有鈣與磷相結合成爲磷酸鈣儲存於骨齒中，但是我們所食用的各種食物中已經含有充分的磷，所以不必特別多攝取。一般營養學家建議食物中鈣與磷之比最好是1比1，如果不能維持這個比例則希望盡量維持在1比2。經常食用速食和罐裝飲料，會導致磷的攝取過量。由於磷的代謝需要鈣質，爲了進行磷的代謝，就必須消耗掉許多血鈣，因此血液中的鈣質就會逐漸被消耗，在必要時就必須從骨骼中溶出鈣質，以調節血液中鈣的平衡。現代人的速食文化實在是導致骨質疏鬆的一大原因。

能協助鈣吸收的維生素

　　鈣在胃中消化需要有胃酸的協助，同時適量的維生素C和維生素A也有助於鈣的吸收。維生素D經由副甲狀腺賀爾蒙的協助在腎臟內製造出活性型維生素D，可以促使小腸道的絨毛加強對鈣的吸收功能。維生素C能溶解在水溶性的細胞液中，維生素A是油性，所以存在於細胞膜之中，兩者從細胞的內側及外側同時預防細胞發生障礙，協助細胞與細胞膜之間的代謝功能。同時，骨骼的膠原蛋白，在形成的製造過程中，需要維生素C來催化其中的酵素作用，缺乏維他命C，會導致膠原蛋白無法穩定的形成，使得骨質不密實而疏鬆。

　　維生素D需要經過陽光紫外線的照射，才能製成活性維生素D，但人身不能長時間曝露在烈陽下，有了維生素K則可以預防皮膚曬傷。

　　維生素K會與鈣結合，所以攝取足夠維生素K的人，骨骼會很結實。血清蛋白也會結合許多的鈣，如果維生素K不足，那麼血中的鈣離子濃度會降低，為了維持血液中鈣的正常值，在骨骼中蛋白質所含的鈣就會釋放出來補充，如果長期下來，骨質就會疏鬆。一般而言，癌症患者血液中

的鈣離子濃度較低，體液容易偏向酸性狀態，維生素K可以促進細胞呈現鹼性，身體狀況得以良善，同時維生素K與鈣有協助凝血的功能，並且有改善肝機能和利尿的效果。

維生素D能強化骨齒的生長

活性維生素D能促使腸道吸收鈣質，增加血液中鈣質的濃度和促進骨骼的生長發育，因此維生素D對鈣和磷的吸收及利用是必須的元素之一。維生素D尤其是對兒童骨骼與牙齒的正常生長及發育最為重要。在骨質疏鬆症、軟骨症以及身體缺乏鈣質的預防及治療上都需要有維生素D的協助，同時它也能增強免疫機能。

維生素D（calciferol; viosterol; ergosterol; sunshine vitamin）是油溶性維生素，其主要的來源是取之於食物和太陽光線，因此它又被稱為「陽光維生素」（Sunshine Vitamin），同時又因為如果沒有充分的維生素D，則鈣就不能抵達骨骼和牙齒中，所以它又被稱為「鈣的搬運者」（calciferol）。

維生素D必須轉化成為活性維生素D才能有助於鈣質的吸收，活性型維生素D的生成首先需要由皮膚中的脂質，也就

是膽固醇受到日光照射，經過了紫外線的作用製造出維生素D。製造出來的維生素D以「二五氫氧化維生素D」的形態儲存於肝臟內，當人體需要吸收鈣質時，則從肝臟溶出而輸送至腎臟，在腎臟轉化成為「一‧二五氫氧化維生素D」也就是所謂的「活性型維生素D」。因此，由食物或皮膚產生的維生素D，需要經由肝臟再到腎臟逐步轉化為「活性型維生素D」。如果肝臟或腎臟出現問題，即使有再多的維生素D仍無法合成活性型維生素D。由口中所攝取的維生素D，則可直接由小腸隨著脂肪吸收轉而儲存至肝臟，因此身體內脂肪攝取不足，也會減低脂溶性維生素的吸收。小腸、肝臟、膽囊、腎臟功能不佳的人或是體脂肪過低的人，比較容易罹患骨質疏鬆症和牙齒脆弱易生齲齒等病痛。

維生素D除了可以經由皮膚受到陽光中的紫外線照射形成外，也可以由食物中直接攝取到。含有多量維生素D的食物包括有魚肝油、比目魚、沙丁魚、鮪魚、鯡魚、鮭魚、牛乳、蛋黃、奶油、肝、燕麥、苜蓿、蕃薯以及植物油。平均每週3次手臂及臉能曝露於陽光下2小時也能獲得充分的維生素D。

住在都市的人，特別是濃煙污染的地區，應該攝取更多的

維生素D，因為煙霧的空氣污染會破壞體內的維生素D。夜間工作者，或是因為服裝、生活方式而無法充分得到陽光的人，也必須由食物中攝取充足的維生素D。經常服用降低膽固醇的藥物、制酸劑、瀉劑、利尿劑、類固醇賀爾蒙（可體松）（cortisone）也會影響到維生素D的吸收，因而影響到鈣質的吸收。

　身體中的維生素D充足，鈣質的攝取量雖少，但是鈣質的吸收效率卻很良好，反之，若維生素D不足，雖然攝取了許多鈣質，但是鈣的吸收量卻很低。所以骨齒的健康除了膳食中有充足的鈣質外，維生素D的攝取量也要充分。

香菇含有潛在性的維生素D

　雖然香菇中所含的維生素D份量很少，但是它含有許多潛在性的維生素D，也就是含有維生素D的母體麥角脂醇（ergosterin）。麥角脂醇沒有將鈣質攝入體內的功能，必須轉換成維生素D才能發生功效。

　香菇經過太陽光中的紫外線照射後，其中的麥角脂醇就能轉換成維生素D。所以坊間常以食用經由太陽曬乾後的香菇作為強壯骨骼的食療秘方。但是，現在市面上出售的乾燥

香菇很少是經由太陽曝曬法乾燥的，其中大部分都是將新鮮香菇在室內人工乾燥製作，因此如果要攝取由香菇中所轉化成的維生素D時，只需在煮食之前，先將香菇置於陽光下一至二小時即可。香菇中經過日光轉換成的維生素D可以保存長達半個月，否則過期後如果要再食用，必須又得再一次的曝曬於陽光下才能達到效果。

藥品可降低體內的鈣量

依據美國「大學研究醫學雜誌」（Postgraduate Medical Journal）所發表的研究，經常使用鎮定劑和安眠藥中含有巴比特酸類藥品的人，其體內鈣含量，比平常人要低。以好幾百萬人中，正在服用瀉劑和制酸劑者所做的檢測中發現，這些藥品會妨礙鈣和磷的代謝作用。同時，服用過量瀉劑時，可能會失去大量的鈣。高血壓患者所使用的利尿劑以及抗生素，都會奪取鈣質。一般醫生經常使用的四環黴素也能導致使用者體內的鈣、鎂、鐵流失。因此經常服用以上藥物的病患，更必須補充鈣質。

吸煙會降低鈣質的吸收

　　吸煙時會產生尼古丁（nicotine）和焦油（tar）等有害身體的物質，它們會抑制腸道的蠕動，降低消化和吸收的功能。由於胃酸被抑制，因此含鈣的食物無法分解出鈣離子而無法在腸道吸收，同時吸煙後又影響腸道蠕動，鈣質也無法被腸道中的絨毛吸收。所以癮君子們血液中的鈣濃度往往下降，因而造成精神焦慮不安，或是腳踝抖顫的現象。

鈣與維生素之間有交互關係

　　除了巧克力中多量的脂肪和草酸（oxalic acid）及穀類中的菲汀酸（phytic acid）會阻礙鈣質的吸收外，同時維生素與礦物質之間亦具交互作用，並且對體內礦物質的吸收或流失具有相當的影響力。例如，過量的脂溶性維生素A、E、K能降低礦物質的吸收率，而維生素D則使人體細胞內鎂的含量增高。服用鈣時，除非同時也服用維生素C，否則會降低對鐵的吸收。維生素D可增加對鈣的吸收，但是維生素A過量又會刺激骨質流失，而維生素K與鈣可以協助凝血功能。因此，要使鈣能被人體充分利用和吸收，就必須

在食用含鈣食物或鈣的補充劑時，同時配有均衡的微量元素，包括有多種礦物質和多種適量的維生素。

鈣與鎂之間具有協調性

巨量礦物質鎂（magnesium），於西元1775年科學家Black所發現，由於產於希臘北部的Magnesia鎮，因此就依照地名命名。在成人體內的含量約為21至35公克，有一半以上的鎂與碳或磷結合成為磷酸鎂、碳酸鎂和其它鎂鹽存在於骨骼中，其餘的則儲存在柔軟組織和體液中，例如，存在於：肌肉、心肌、肝、腎、腦、淋巴和血液等組織內，只有1%的鎂存在於血漿內，並多呈離子狀態，是細胞內重要的陽離子。在肌肉組織中，鎂的含量多於鈣，然而在血液中鈣的含量則多於鎂。

鎂的主要功能除了是構成骨骼與牙齒的主要原料外，更可以說是生命的必要元素，最初的原始生物，其核心就因含有鎂元素，才能進行光合作用。

鎂離子與鉀、鈉、鈣離子共同調節神經的感應及肌肉的收縮。人體要吸收維生素A、B、C、D、E群和鈣質時也需要鎂的協助。

鎂與鈣之間的協調關係非常密切，身體缺乏鎂時，鈣會隨尿液大量排出體外，因此鎂間接地與各種因缺乏鈣而引起的病症有相當的關聯性。

鈣與鎂的共同運作

幾乎沒有任何一種礦物質補充劑可以自己獨立運作，它必須配合其他關聯的礦物質和維生素等共同運作，才能達到保健功能。鈣的吸收必須有鎂、錳、磷、矽、硼以及維生素A、C、D、K等在細胞內結合，才能有效的被吸收利用，反之，雖然服用了許多鈣質，也無法被人體吸收利用，反而導致血液中鈣質濃度降低，而必須從骨骼中釋出骨鈣，致使血液和細胞中的鈣量上升，進而沉積在柔軟組織中導致組織「鈣化」。

鈣沉積在關節就形成關節炎；沉積在血管內造成血管硬化；沉積在心臟會導致心臟病；沉積在腦中則就引起衰老症。鈣化過程是非常緩慢的，可能需10年、20年甚至超過30年。鈣化的現象從孩童期就已經開始，身體中包括各種腺體在內沒有一處能免於鈣化。

組織鈣化現象，主要就是因為缺鈣的原因。雖然服用了鈣

的補充劑，但是沒有適量的補充鎂，則人體內只能分泌出少量的降血鈣素（calcitonin），因為降血鈣素能促使鈣儲存在骨骼，如果少了它，就無法讓鈣質進入骨骼中，也就無法被有效的吸收。因此，服用鈣而未能服用適量的鎂，將會導致鎂的缺乏，或是鈣的吸收不正常。

Part

5

鈣與食物的關連

從食物中攝取到的鈣和自骨骼中溶釋出來的鈣因為所經的管道不同,因此體內吸收的方式也完全不同。經由口腔經過胃至腸道中的含鈣食物,吃得再多也不會造成體內鈣質過多的問題。

全家如何參與鈣幫家族

鈣與食物的關聯
食物中攝取的鈣質不會過量

　　從食物中攝取到的鈣和自骨骼中溶釋出來的鈣因為所經的管道不同，因此體內吸收的方式也完全不同。經由口腔經過胃至腸道中的含鈣食物，吃得再多也不會造成體內鈣質過多的問題。有人認為如果從食物中攝取過量的鈣質，鈣就會大量地積存在體內，並且沉積在心臟、腎臟或血管中。事實上依據「鈣逆論」的理論，只有攝取鈣不足時，才會造成細胞中鈣的濃度增加的危險。食物中所含的鈣，必須先經過胃液消化後，經過腸道時才會被吸收，倘若體內的所需鈣量足夠時，多餘的鈣就不會被吸收而直接被排出體外。每天自小腸中可吸收1公克或更多的鈣，但其中只有100～200毫克的鈣進入循環系統中。其實食物中的鈣入口後，經過食道、胃、小腸、大腸、肛門的通道，實屬「體外」吸收，多餘的鈣會經由腸道接受到各種調鈣賀爾蒙的機制，調整對鈣的吸收率，所以不必擔心攝取過量同時體內多餘的鈣質也會貯存在骨骼之中。而每天自小腸吸收的鈣，大部分由尿液排出，以維持體內鈣的平衡，除非在某些情況下，腸子調節功能失調，或是直接經由靜脈注射鈣液，才會造成體內鈣過剩之慮。

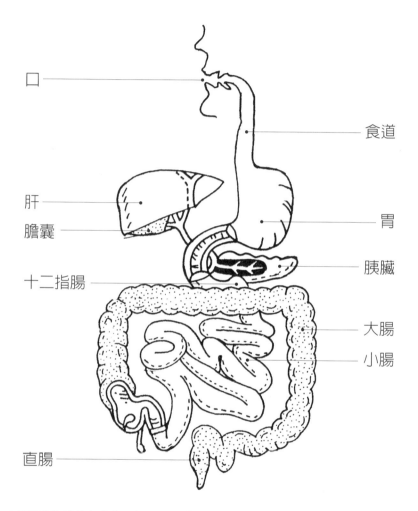

口

食道

肝

膽囊

胃

胰臟

十二指腸

大腸

小腸

直腸

▲鈣隨食物進入口中後，經過牙齒嚼爛 → 經過胃液消化溶出鈣質 → 經過十
二指腸後到小腸中，由腸的絨毛吸收，進入血液 → 多餘的鈣則經過大腸
和直腸排出體外。

海藻類是含鈣的優良食物

　　海藻類食物例如海帶、裙帶菜、紫菜苔、羊栖菜等都含有豐富的鈣質。在健康食品中極為盛行的螺旋藻類也是鈣質的優良來源。藻類中除了含有豐富的鈣質外，並含有許多有益於骨骼的微量礦物質，其中包括有硼、鋅、鉬、銅、鍺、矽、硫、鐵等。從藻類攝取鈣質有一個優點，就是其中的鈣與磷的分配量非常均衡，而且所含的鈣和鎂都一樣豐富。以6公克的螺旋藻為例，其中鈣質的含量等於150公克乳酪、3條青椒、5碗白飯，而鎂的含量也等於2株芹菜、63公克的肝臟。同時螺旋藻中所含的葉綠素、絲氨酸、蛋氨酸以及維生素B6和B12可以協助人體合成膽碱保護肝臟，使維生素D得以發揮功能，有助於鈣質的吸收。藻類所含的蛋氨酸（methionine）經過分解後可以形成抑制尼古丁的物質，並可以強化黏膜細胞，防止因為吸煙而減低對鈣質的吸收。

有助於鈣質消化的醋和檸檬

　　雖然許多食物中含鈣量很高，但是並非所含的鈣質都能被消化，例如小魚干、芝麻、蝦米等鈣質雖然多，但是如果在胃中無法被消化溶出，則腸道也無法吸收。同樣的，一般鈣的補充劑例如碳酸鈣、天然骨鈣等也必須經過胃酸的消化後才能被吸收。因此補充鈣的第一要件就是要能在胃中先被消化。胃中的消化液以胃酸為主，如果在食用含鈣食物和鈣的補充劑時同時能食用一些酸性食物，則能有效的協助鈣在胃中的消化過程，維生素C可以協助鈣的消化與吸收。此外，醋、檸檬、梅乾等酸味食物可以促進胃液的分泌，同時醋的醋酸、檸檬和梅子中的枸櫞酸都可以協助鈣質的溶解，因此在做烤魚、煮骨湯或其他含鈣食物料理時，稍加些醋或檸檬等酸味食物，有助於補充身體中的鈣質。

黃豆含有充分鈣質

　　黃豆中含有許多蛋白質、纖維、鐵、和鈣質。黃豆中的蛋白質和米、麥中的蛋白質可以互相彌補各自欠缺的氨基酸。黃豆含有高量的維生素B群，尤其以B1和B2含量最為豐富，在澱粉質轉變成單糖產生熱能時必須要有維生素B1的協助，同時黃豆中所含的植物性固醇類（sterol）可以防止膽固醇沉積在血管中，黃豆中的皂素（saponin）可以促使血液流動順暢，黃豆中的前列腺素（prostaglandin）又可以降低血壓，這些都是一般營養學界對大豆公認的好處。其實大豆與牛奶含有同量的鈣質，並且更能被人體有效的消化與吸收。尤其是當以黃豆製成豆腐、豆乾等食物時，其含鈣量更高。因為黃豆中含有皂素，所以用黃豆與海帶一起煮，更可以軟化海帶的纖維，使海帶的鈣質更容易在胃中消化。以黃豆與海帶共煮，是獲得鈣質和碘的最佳拍檔。

蒟蒻是含鈣的減重聖品

　　蒟蒻可以清潔腸胃，將胃中的殘渣和腸中的宿便排出體外。蒟蒻含有許多膳食纖維，但是幾乎不含任何熱量，因此可以填飽胃給以飽足感，但又不會提供熱量，是很好的減重食物。蒟蒻又稱為「魔芋」或是「鬼芋」，是芋頭類植物。在製成可以食用的蒟蒻時必須加入鈣質，才能凝結成塊狀。因此，蒟蒻含零熱量但卻含有豐富的鈣與鉀。同時，蒟蒻中所含的鈣質非常容易被鹽酸和醋酸溶解出來。由於胃中的胃液就是稀鹽酸，因此蒟蒻經過胃液的消化後，其鈣質很容易游離出來被小腸吸收。

芋類可食部分澱粉中之含鈣量每100公克中的鈣質（單位毫克mg）：

食物品名	含鈣量（mg）
蒟蒻粉條	75
蒟蒻凍	44
甘薯	30
地瓜粉	85
冬粉	40
芋頭	25
馬鈴薯	5
馬鈴薯粉	22
玉米澱粉	3

甘薯含鈣是優質鹼性食物

　　芋類的鈣質除了蒟蒻外，最常為人稱讚的就是甘薯（蕃薯）。甘薯中含有的鈣量雖然只有蒟蒻的一半，但它含有食用澱粉，可以替代米、麵而做為熱量的來源，甘薯中含有鈣、鉀、鎂、鋅等礦物質和維生素A、B群、β－胡蘿蔔素等，是優質鹼性食物。此外甘薯中含有像蒟蒻中難以被消化的多糖類的纖維體和果膠，是很好的通便食物。但是許多人擔心吃多了會作氣放屁，就敬而遠之，其實如果

帶皮食用，因爲皮肉中含有許多酵素，因此就不會產生氣體，而且甘薯皮中也含有許多鈣和鉀以及果膠，可以促進胃腸蠕動，抑制食物在腸內發酵，有保護腸道的功能。

鹼性食物是健康的關鍵
◎酸性食物與鹼性食物的分類

　　一般最籠統的說法爲：「蔬菜是鹼性食物，對身體有益，肉類爲酸性食物，對身體有害」。其實如果要詳加分析，要測試食物酸性或鹼性，就必須將食物完全燃燒至灰燼後，再將其溶於蒸餾水中，檢查此溶液的PH值才能決定。而不是以食物本來的形態來判斷其酸鹼度，其燃燒之灰燼溶於水中之PH大於7者爲鹼性食物，小於7者則爲酸性食物。食物中的酸性與鹼性度有賴於其中所含礦物質的成分而定。有些食物含有多量的磷、硫等礦物質，而磷和硫進入體內後遇到水分，就會形成磷酸及硫酸，而呈現酸性，所以酸性食物中含有較多量的磷、硫等礦物質。例如，肉類、蛋、穀類等都屬於「酸性食物」。另一方面，食物中含鈣、鉀、鎂、鈉較多的時候，其灰燼溶於純水後之溶液呈鹼性，因此

富含這些礦物質的食物則歸類為鹼性食物。例如，蔬菜、水果、牛奶、芋薯類等都屬於「鹼性食物」。

由人體的結構來看，一但血液的PH值超過了正常範圍而偏向於酸性時，其血液的黏稠度會增加並且會略帶黑色，如果此種黏稠的血液到達血管末梢，就會導致血管阻塞，即使靠著心臟的幫浦壓力，也會因為血管末梢阻塞而不易流動，因此血壓會升高，同時所輸送的氧氣無法到達血管末端，造成各種生理機能故障，血液循環不良、手腳發冷、頭暈目眩、肩膀酸痛、四肢無力、精神不濟等都是酸性體質的代表症候。因此，如果希望身體保持健康，最重要的就是要經常保持血液呈弱鹼性，為了達到這個目的，就必須經常攝取鹼性食物。

鹼性食物中多半含有充足的鈣質以及鎂、鉀、鈉等礦物質。因此攝取含鈣豐富的鹼性食物是保健之道。

經常在食物酸鹼屬性上發生誤解的情形，就是直接以食物的口感來判斷其性質，譬如醃漬的梅子吃起來非常酸，但它與其他水果一樣都是屬於鹼性食品，米飯吃起來不感覺到酸味，經過咀嚼後還會產生甘味，但它卻是經常食用的酸性食物。所以酸性或鹼性食物的屬性與其本身味道並不

相干，必須以其所含的礦物質來判定其屬性。

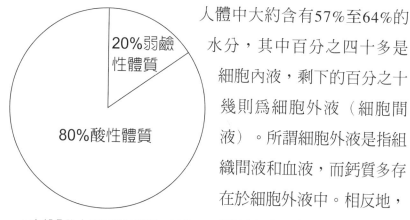

20%弱鹼性體質

80%酸性體質

▲大部分的人都是酸性體質，酸性體質是造成文明病、癌症的主要成因之一。

人體中大約含有57%至64%的水分，其中百分之四十多是細胞內液，剩下的百分之十幾則為細胞外液（細胞間液）。所謂細胞外液是指組織間液和血液，而鈣質多存在於細胞外液中。相反地，鎂則存在於細胞內液中，細胞外液中含鎂量微少。

在慢性疾病中，例如癌症、糖尿病、肝硬化、高血壓、痛風、風濕症等成人病，其血清中含鎂值會昇高，同時患有肝硬化時產生的腹水中也含有大量的鎂。依此推論，這種現象是因為細胞老化或被破壞，結果鎂離子滲透到細胞外液中的緣故。換言之，當血清中的鈣質減少時，會使血液略為傾向酸性，這就是老化以及產生許多成人慢性病的原因。如果持續攝取含鈣質較少的酸性食物，則會對人體產生嚴重的危害。反之，如果體液經常保持弱鹼性，鎂就不會從細胞內滲透出來，才能讓細胞維持活潑的作用。也就

是說，如果要防止細胞老化，必須維持鈣的平衡，將身體
保持微鹼性。

成年男女體內含水比例

血清 5％　組織間液 12％　細胞間液 17％　細胞內液 47％　總體液量 64％

總體液量 57％　細胞內液 41％　細胞間液 16％　組織間液 12％　血清 4％

▲以體重100%計算成年男性身體中的水分約占其體重的64%　　▲以體重100%計算成年女性身體中的水分約占其體重的57%

常見的食品酸性與鹼性列表：（以100公克的食物量為標準）

酸性食品	酸性百分比	鹼性食品	鹼性百分比
蛋黃	51.83	螺旋藻	41.80
蛋白	8.27	乾香菇	31.50
全蛋	24.47	綠藻	15.20
雞肉	24.32	葡萄乾	15.10
鱸魚	21.11	砂糖	14.57
起司	17.49	菠菜	19.30
沙丁魚	17.35	牛蒡	13.90
豬肉	12.47	蕃茄	13.67
麵包	12.10	柿子	10.25
餅乾	10.95	青碗豆	10.50
青花魚	10.70	甘藷	10.31
核桃	9.22	橘子	9.61
鮭魚	8.33	胡蘿蔔	9.07
牛肉	8.04	芋頭	7.00
鮪魚	5.80	馬鈴薯	6.71
玉米	5.37	白蘿蔔	6.06
秋刀魚	5.10	梅乾	5.80
可可	4.75	咖啡	5.60
沙丁魚	4.00	香蕉	4.38
碗豆	3.41	高麗菜	4.02
比目魚	3.20	梨	3.26
米粉	3.16	奶油	3.15

酸性食品	酸性百分比	鹼性食品	鹼性百分比
麵米	2.06	人乳	2.25
長蔥	1.09	西瓜	1.83
蘆筍	1.01	草莓	1.76
		牛乳	1.69
		胡瓜	1.50
		葡萄酒	1.43
		蘋果	0.94

螺旋藻含有高量鈣質

螺旋藻有「高礦物質罐頭」的美喻，它是鹼性度頗高的食品，甚至被稱作為黃綠色蔬菜汁的濃縮液。螺旋藻含有鈣、鎂、鈉、鉀、鐵、銅等鹼性礦物質，但也含有維持生命所必須的磷、硫、氯、碘等酸性礦物質。當螺旋藻被消化後，即構成人體器官組織的元素，呈現出弱鹼性的反應，使體液保持弱鹼平衡。螺旋藻的鹼性度比牛奶高20倍以上，比綠藻高3倍以上，比菠菜高2倍，比大豆高4倍，比胡蘿蔔高5倍，比萵苣高8倍，比高麗菜高10倍。

螺旋藻中所含的鈣與鎂的比率均衡，並且含磷量不高，加上含有許多有利於骨骼的微量礦物，以及能協助鈣吸收的優質蛋白質和氨基酸，是提供人體鈣質的高營養食品。但

螺旋藻中缺乏維生素C與維生素D，所以如果同時與維生素C多的水果類或是經日光曝曬後的香菇同時食用，更能達到吸收鈣的效果。

深色蔬菜含有豐富的鈣質

深色蔬菜中含有鈣等超過20多種的礦物質，但是因為土地被過度利用，以及施灑化肥的結果，其中各種礦物質的含量已經沒有從前高了，但是黃綠色的蔬菜至少還可以提供身體部分的鈣質。食用的蔬菜最好是生長在礦物質含量高的肥沃土地上。

黃綠色蔬菜可食部分鈣的含量：
以每100公克（g）中含鈣毫量（mg）

蔬菜	含鈣量(mg)	蔬菜	含鈣量(mg)
青椒葉	360	芹菜	86
荷蘭芹	200	萵苣	74
蘿蔔葉	197	絲瓜	56
紫蘇葉	190	南瓜	44
芥菜	160	韭菜	40
蕪菁葉	130	胡蘿蔔	35
*菠菜	98	橄欖菜	25
山東白菜	88	青椒	10

▲*菠菜中的鈣質較不易吸收，因為菠菜中的鈣是以硝酸鈣的形態存在，不易被
胃分解，所以吸收率很低。

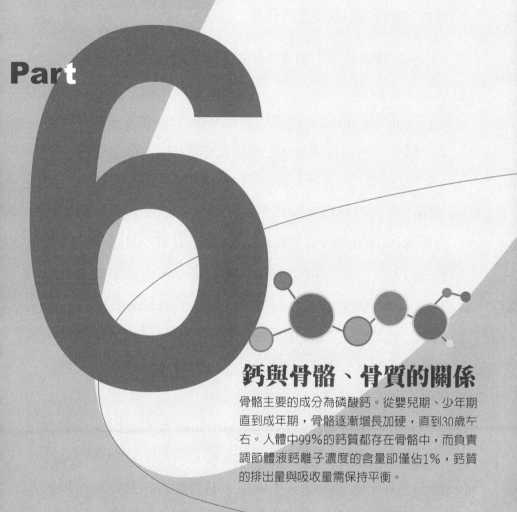

Part 6

鈣與骨骼、骨質的關係

骨骼主要的成分為磷酸鈣。從嬰兒期、少年期直到成年期,骨骼逐漸增長加硬,直到30歲左右。人體中99%的鈣質都存在骨骼中,而負責調節體液鈣離子濃度的含量卻僅佔1%,鈣質的排出量與吸收量需保持平衡。

鈣與骨骼、骨質的關係

骨骼內的鈣源自寒武時代

　　由於生物進化源自海洋，因此人類的血液和淋巴液與海水成份十分相似。同時，人類和其他哺乳類動物體液的滲透壓（以細胞膜為交界，濃度較低液體會流向濃度較高液體的流體壓力），也與海水的滲透壓雷同。

　　包括人類在內，所有生活在水中或是陸地上的動物，其身體內都擁有類似海洋成分的體液。人類胚胎期母親體內的羊水，其礦物質含量與海水相近，例如，羊水中鈉的含量占91.0%，海水中鈉的含量占83.7%；羊水中鉀的含量占6.0，海水中鉀的含量占3.0%，羊水中鈣的含量占2.3%，海水中鈣的含量占3.2%。同時海水中主要化學成分與人類血液中的化學成分極為相似。從以上數據再度證明，人類和哺乳類動物體內猶如一片大海。

　　世界著名環保學家瑞邱卡森（Rachael L. Carson）在其著作《環繞我們的海洋》（The Sea Around Us）中就明確地提到：「魚、兩棲動物、爬蟲類、溫血動物的鳥類及人類，其體內的管腺系統中均含有各種礦物鹽分，其比例，類似海水的成分。我們古代的老祖宗，從單細胞生物進化而成

的循環系統，也就是循環著海水和其中礦物質元素。同樣
的，動物和人類骨骼內所含的石灰質成分也是淵源自寒武
時代中高濃度的鈣質而形成的。」

海水中的化學成分與人類血液中的化學成分對照表：

	氯化物	硫酸離子	鈉	鉀	鈣	鎂
海水	55.2	7.7	30.6	1.1	1.2	3.7
血液	40.1	1.9	34.8	1.9	2.1	4.8

▲血液中無機化合物成分的含有率為平均含有率（wt%）

骨骼的結構以磷酸鈣為主

成人有206塊骨骼，骨骼是中空的結構，依照其型態可分
為外部密實的緻密骨（皮質骨）（cortical bone）與內部多
孔隙的海綿骨（枝狀骨）（trabeular bone）兩類。骨骼中最
主要的礦物質成分為磷酸鈣〔$Ca_3(PO4)_2$〕以及氫氧磷灰
石的結晶體〔$Ca_{10}(PO4)_6(OH)_2$〕。這些結晶物呈針狀、
桿狀或板狀。骨骼結構中有80％是排列緊密的皮質骨，它
形成了骨骼的最外層。其內部的20％則是鬆散似海棉狀的
組織，又可稱之為「骨小樑」、「網狀骨」或「格狀骨」

等名稱。排列在骨小樑之間的柔軟脂肪組織，就是骨髓。骨髓是製造紅血球、血小板和大部分白血球的工廠。

　　皮質骨和海綿骨都會產生骨質疏鬆症，但是，海綿骨所占的空間較皮質骨大，所以皮質骨產生的骨質疏鬆症所造成的傷害較大。

　　骨小樑和皮質骨都由骨膠質構成。骨膠質是屬結締組織的一部分，稱為基質，它的成分為蛋白質的一種，並且能將食物中的鈣質儲存在裡面。鈣質在基質裡，和磷酸根離子、氧離子、氫離子等結合成不同的結晶鹽，這些結晶鹽正是決定骨質密度與硬度的基本要素。

細長骨骼的構造：

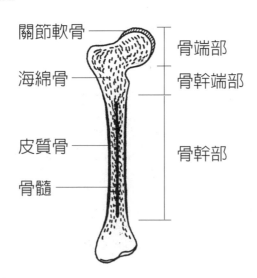

骨骼的組成為礦物質、蛋白質與水分。骨骼組織具有神經、血管和骨細胞，是動態的活性組織。在成長階段時，骨質量隨著年齡而增多，身高也隨之增加。但是到了30至35歲時，骨骼不再增長，同時骨密度也達到了最高峰。之後，隨時年齡增長，骨密度逐漸下降。

骨骼密度隨年齡增長而下降

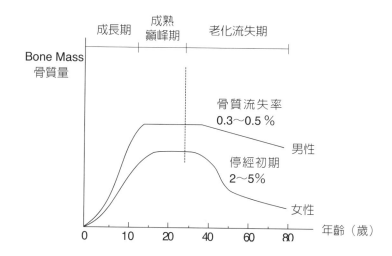

骨骼的主要功能

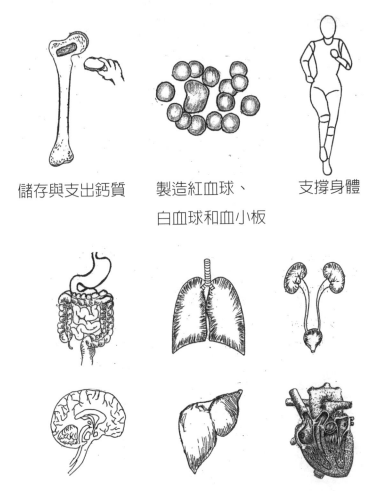

儲存與支出鈣質　　製造紅血球、　　　支撐身體
　　　　　　　　　白血球和血小板

維護腦、肝臟、腸胃、心臟、肝、腎臟、膀胱等器官不會
受到外界碰撞而受到傷害。

骨骼也有新陳代謝作用
◎ 骨骼具有新陳代謝功能

從兒童期發育至成人之後，其骨骼的長度和寬度大致亦已發育完成。在乍看之下，骨骼似乎不再變化，其實，它還是經常進行新陳代謝作用。換言之，貯存於骨骼或牙齒中的鈣質，並非永遠不動的，而是在經常更新中。但是牙齒的代謝作用要比骨骼緩慢得多。牙齒一旦發育完全，其代謝作用不會影響到血鈣濃度。可是骨骼中的鈣質，卻經常在添加新的鈣和排出舊的鈣。也就是說骨骼時時刻刻都在更新，分解舊骨而置換新骨，這種現象稱為「骨質重塑」（bone remodeling）。大約在30至35歲時骨質量與骨密度達到最高峰，不過其外觀並沒有明顯的改變，在此階段造骨速率大致和分解速率相等。停經後的婦女或老年人，其造骨速率比分解速率為慢，因此，骨質就逐漸流失，雖然在初期不會改變骨骼的外觀，但是骨密度已經逐漸降低，而產生「骨質疏鬆症」（osteoporosis）的危險。

全家如何參與鈣幫家族

◎「骨質重塑」的過程

骨質重塑作用是否順利，決定於鈣質從骨骼中釋出的多寡等因素。在正常情況下，平均每年約有25％～30％的海綿骨，因為骨質重塑作用而被置換；而只有2％～3％的皮質骨被置換。骨骼在進行「骨質重塑」作用時，首先由破骨細胞（蝕骨細胞）（噬骨細胞）（osteoclast）侵入骨質，開始從骨骼內側，即骨髓腔進行破壞工作。破骨細胞是一種含有多個細胞核的大型細胞，它會釋出如胃酸般的強酸，來溶解骨骼中的礦物質，其次它又會釋出有如消化酵素般的蛋白質分解酵素，來分解剩下的有機物質，此種破骨細胞的作用稱之為「骨吸收」、「吸收」、或「骨分解」（resorption）。藉由「骨吸收」的過程，將海棉骨內部的骨質挖出一個坑洞，或是將皮質骨挖掘成狀似隧道般的通道。整個「骨吸收」的過程需時約有2至4星期。

當破骨細胞破壞骨質到某一特定程度時，從被破壞的骨骼中就會釋出「轉換成長因子」（TGFB），抑制破骨細胞的活動力，並且促進製造新骨的造骨細胞（骨芽細胞）（成骨細胞）（osteoblast）的造骨功能，使人體的骨骼在遭受到破壞後，能產生新骨，這種製造骨細胞的作用稱為「骨

形成」。造骨細胞的作用是以新的膠原蛋白等膠質基質來填充隧道和凹洞，然後再由基質進行吸收鈣離子和其他的礦物質來進行「礦化作用」（mineralization）形成結晶，這些鈣質結晶，就會沉澱在隧道和凹洞裡。經過幾個月的填充與修復，隧道和凹洞則再次填滿形成新骨。此時「骨質重塑」作用才算完成。重塑後的新骨骼則重新進入「休憩狀態」。

骨質的重塑作用：

1、骨骼休憩狀態（骨骼外層被內襯細胞覆蓋保護）

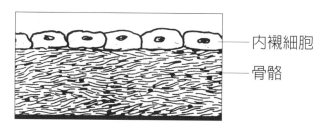

內襯細胞

骨骼

2、骨骼吸收作用

　（破骨細胞分解骨質，吸取骨質內的礦物質和有機質）

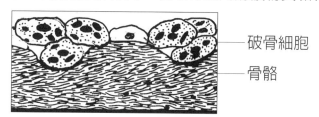

破骨細胞

骨骼

3、骨骼吸收作用完成（破骨細胞進行吸收分解作用）

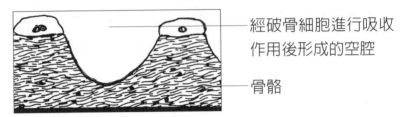

經破骨細胞進行吸收
作用後形成的空腔

骨骼

4、骨骼進行礦化作用
（造骨細胞合成新骨，填充隧道與凹洞）

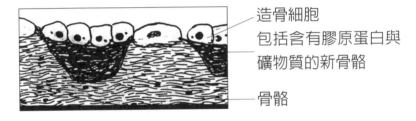

造骨細胞
包括含有膠原蛋白與
礦物質的新骨骼

骨骼

5、新骨骼修復完成，重新進入休憩狀態
（完成一輪，骨質重塑）

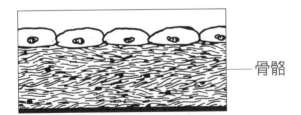

骨骼

◎ 控制骨質遞補的因素有賴於多種賀爾蒙的作用

依據醫學報導，成人的骨骼系統，大約以每10秒1次的速率，來進行骨骼上某些部位的「骨質重塑」作用。有上千個極為微小的「骨質重塑」單位，在骨骼的不同部位進行骨質代謝的作用。一旦骨質受到破壞，就需要有新的骨質來遞補，用來完成遞補的時間至少需要3個月以上。骨骼的新陳代謝作用多半受控於各種賀爾蒙之間的關係，例如女性賀爾蒙中的雌激素（estrogen）可以激發造骨細胞，使其快速進行骨質重塑作用；同時雌激素也會抑制破骨細胞的活動力。當血液中的鈣質降低，或者鈣攝取量不足時，副甲狀腺賀爾蒙就會分泌出來，促使骨骼中的鈣質溶出，以便維持血液中衡量的鈣質。這種賀爾蒙能刺激破骨細胞，致使骨骼破壞，並且抑制造骨細胞的活動。此外，在腎臟中演變成活性維生素D也具有促進破骨細胞作用，並且延遲骨骼形成的速度。

相反地，當血中鈣量增多時，甲狀腺會釋出降鈣素，使血液中的鈣質維持平衡狀態。降鈣素能抑制破骨細胞活動，減少骨中的鈣流失到血液中。此外，除了雌激素之外，男性賀爾蒙及胰島素等，也都有促進造骨細胞的功能。骨骼

的代謝作用有賴於各種賀爾蒙的互相制衡，才能維持正常的功能。若是各種賀爾蒙之間的互相制衡或是平衡遭到破壞，變成破壞大於製造，那麼骨質就會變得薄弱；相反地，新骨太多也會造成強度異常，產生弊害。所以平衡的機制，是維持骨骼健康的原則與方法。

◎ 年齡越大，骨質重塑越緩慢

一般而言，破骨細胞與造骨細胞經常處於勢均力敵的拉鋸戰中。從兒童期至青春期，通常是造骨細胞強盛於破骨細胞，因此，骨質重塑換新率，比汰舊率來得快速。女性在青春期因爲雌激素激發造骨細胞，因此身高快速增加，這也說明了當婦女進入更年期後，雌激素減少，因而骨質會迅速流失。

當人們進入30至35歲時期，這時破骨細胞與造骨細胞的代謝功能效力幾乎相等，也就是骨質的重塑與破壞的速率達到平衡狀態，有多少骨質被破壞吸收，就有多少骨質被製造重建。當進入到40歲之後，隨著年齡的變化，破骨細胞的作用往往大於造骨細胞的速度，如此一來，骨質流失加快，因而增加了罹患骨質疏鬆症的危險。

　　年齡老化會造成慢性骨質流失，主要是因爲造骨細胞過於疲勞所致。年齡增加後，經過造骨細胞的充塡和修補後，這些經過破骨細胞所造成的骨骼凹洞或隧道又被破骨細胞吸收時，骨質就逐漸變得鬆散。醫學上的理論認爲骨骼老化，是因爲其吸收作用完成後到塡充作用運作之間的時間差距明顯延長，使得老年人的骨質不斷流失。因此，未來許多治療骨質疏鬆症的方法，會朝向如何刺激造骨細胞的活性，或者是如何抑制破骨細胞的活動力的方向邁進。

女人一生都需要骨氣

　　婦女一生都受到鈣質的影響，尤其是在懷孕期與哺乳期，其次是在更年期。在懷孕期間對鈣質的需要量，遠比未懷孕時大得多。爲了要孕育新的生命，必須攝取更多量的營養物質，鈣質的攝取更關注到胎兒的骨齒發育，一般預計新

▲嬰兒期、孩童期、青春期、懷孕期、哺乳期、更年期、停經後期、老年期的婦女都需要鈣質補充

生兒出生時，體內含鈣量約有25～30公克，這就等於母體骨骼含量的3％～4％。如果懷孕的母親沒有補充足夠的鈣質，

則胎兒成長時就得從母親的骨齒中挪取所需的鈣質，上一代曾流傳「生一個小孩，壞一顆牙」，就是因為懷孕期及哺乳期間的婦女，沒有注重營養的均衡以及鈣質的補充。結果造成鈣質缺乏。同時，婦女在懷孕期間，因為受到賀爾蒙變化的影響，腎臟的通透性增加，造成母體內蛋白質流失，因而間接造成鈣質流失。不過人體內也有一套因應措施，這時母體的副甲狀腺就會增加血液中活性維生素D的含量，增強小腸對鈣的吸收。同時腎小管也會加強對尿液中的鈣質進行再吸收的功能，使鈣的流失量盡量減低。但是就整個懷孕期間，母體都必須額外的補充鈣質來彌補體內鈣質流失以供給胎兒成長的需要。

懷孕期間的婦女，小腿部常有痙攣的現象，一般認為這是因為體內的鈣與磷比例失衡所造成，但是這種現象是否絕對與鈣質缺乏有關尚無定論，但是在飲食中增加鈣質確實可以改善小腿部痙攣的現象。

懷孕期間胎盤所分泌的賀爾蒙進入母體的血液中，並且分佈至牙齦的微血管內，導致牙齦充血且腫脹，此時牙齦變得很脆弱，容易受到食物殘渣的影響而發炎，如果孕婦本身又忽略了口腔衛生，加上經常食用酸性食物和甜食，很

容易加速牙齒與牙週的病變，形成了「懷孕期牙齦炎」。為了預防孕婦懷孕期牙齒的疾病，除了要經常注意口腔的清潔外，多攝取含有鈣、鎂、磷、氟和維生素C和D的食物，可以改善懷孕期牙齦炎的情況。

在哺乳期的母親，為了要提供嬰兒每日所需鈣的「必須量」至少110毫克，以供嬰兒正常發育，所以哺乳期的婦女所需的鈣質與懷孕期幾乎相同，通常在每日1500至2000毫克之間。

如果在懷孕和哺乳期間，未能攝取到充分的鈣質，則會造成中年以後缺鈣現象，並且出現許多身體機能上的障礙。其中最常出現的，就是在停經之後產生的骨質疏鬆症。同時因為缺鈣而造成骨質脆弱、腰病、肩痛、胸痛、步履困難、精神緊張、容易疲倦等現象。

根據骨質疏鬆症醫學會的調查發現，在60歲以上的男性中，患有骨質疏鬆症的人約在6％；反之，女性患者則占有62％，這比男性患者高出10倍。再就70歲以上的男性而言，有23％患有骨質疏鬆症，其骨質變得較弱，但是另一方面，70歲的女性患有率高達70％，同時其骨質疏鬆和骨骼變形的程度相當嚴重。其中最大的理由在於女性停經後

雌激素分泌不足，而副甲狀腺賀爾蒙分泌提高，使得骨骼中的鈣質漸漸流失。

因此，要做一個有骨氣的女人，婦女的一生都需要充足的鈣質，打從嬰兒期開始，就得時時準備儲存鈣質，在懷孕和哺乳期更得增加鈣的攝取量。此外，鈣質缺乏，和日常生活習性，身體體質狀況，平日飲食習慣都有關聯，如果無法從食物中取得足夠的鈣質，就得由含鈣的補充品中攝取。鈣並不是在患病之後才需要補充，應該在未患病之前，為健康、為改善體質，於平時即充分攝取，才能做個一生都有骨氣的女人。

鈣與骨質疏鬆症

骨質疏鬆症是婦女更年期後最常發生的病症，患者雖以婦女居多，但是飲食不當的男性也常有骨質疏鬆的徵候。骨質疏鬆症主要是骨質中的鈣質流失，因此骨質密度降低，骨質變得疏鬆空洞，骨質脆弱易斷裂，容易造成骨折，身長萎縮變矮、駝背、神經受損及關節疼痛等。

骨骼主要的成分為磷酸鈣。嬰兒出生時，體內的鈣量約為28公克。從嬰兒期、少年期直到成年期，骨骼逐漸增長

加硬，直到30歲左右，此時成年人體內的鈣量約為1,000～1,200公克。人體中99％的鈣質都存在骨骼中，而負責調節體液鈣離子濃度的鈣，僅只1％的含量。鈣質的排出量與吸收量需保持平衡。鈣質的來源，全靠平日的飲食，而其吸收量約為30％左右。成人每日經由尿液排出約180毫克的鈣、經由汗液排出20毫克的鈣，如果夏季或運動後，出汗多者，尚不止此量，此外約有130毫克的鈣來自消化液再經由糞便排出。因此除去未被吸收的鈣之外，人體平均每日消耗損失鈣的總量約為330毫克。如果人體每日不能充分彌補所流失的鈣質，以維持生理機能的調節，日後必定導致骨質疏鬆。

骨質疏鬆症的原因很多，但主要因素都在於人體對鈣質的吸收和排泄機能失調而引起的。如前所述，鈣質的吸收量與排出量須保持平衡，也就是鈣質的沉積與釋出的平衡。鈣質經吸收後，隨血液循環送到身體各部，當血液中鈣離子含量降低時，副甲狀腺便分泌出副甲狀腺素，刺激腸道黏膜，增加腸道對鈣質的吸收，並且促使腎小管重新吸收鈣質並排除磷酸鈣，以維持血液中鈣與磷的正常比例，如果人體吸收的鈣量不夠用時，副甲狀腺素則可促使骨端儲

存的鈣質從骨骼中迅速釋出，以維持血鈣的正常濃度。一般正常狀況，骨骼內鈣質的沉積作用與脫鈣作用彼此保持平衡。在生長發育期，加添進入骨骼中的鈣質超過從骨骼中輸出的鈣質時，則爲正的平衡；反之，當飲食中供應的鈣質不足時，就得從骨端和骨幹中所含的鈣質釋出，此爲負的平衡。若是人體長期處在負平衡狀態，要有40％的鈣質從骨骼中釋出，方能從X光片查出骨質疏鬆的徵兆。而此時，骨骼已經脆弱，極易發生骨折。

　　骨質疏鬆症的預防主要是以補充足夠的鈣質和防止鈣質的流失兩方面同時進行。除了平日補充適量的鈣質外（成人應在1,000～1,500毫克之間），尚須補充適量的維生素D，更年期婦女在某些情況下，醫師會建議使用雌激素賀爾蒙。此外，適量的運動，有助於鈣質的吸收。避免飲酒、咖啡及濃茶。長期服用類固醇藥物、抗凝血劑、含鋁的制酸劑、抗痙攣藥物、甲狀腺劑、緩瀉劑等的人必須增加鈣的服用量。值得注意的是，根據研究結果顯示，凡是受到長期精神壓力或是過度煩惱的人，其血鈣往往表現出負平衡，即使飲食供應充足的鈣量也無濟於事，因此，保持樂觀平和的心境，也是預防骨質流失的重點之一。

　　骨質疏鬆症指的是骨骼內的孔隙變大增多，骨小樑的量減少，骨的皮質區變薄，因此，骨骼的密度變小，骨骼常因為脆弱而發生骨折。

　　根據台灣老年醫學會調查發現，台灣地區65歲以上的人口，每9人中就有1人罹患骨質疏鬆症，女性與男性的比例約為4比1，而且65歲以上的女性每4人中就有1人罹患骨質疏鬆症，因此，骨質疏鬆症顯然是年長女性的最大隱憂。

正常骨骼的內部結構　　　　**骨質疏鬆症骨骼的內部結構**

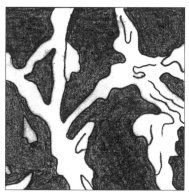

▲骨骼內部孔與孔之間，海綿骨粗大厚實，其內含有豐富的膠原蛋白。

▲骨骼內部孔與孔之間，海綿骨細薄脆弱，孔與孔間隔變大，膠原蛋白量減少。

骨質疏鬆症的危險因子

1、遺傳，家族骨折病史。

2、體型瘦小的女性。

3、停經過早的女性或卵巢切除的婦女。

4、營養失調的老人。

5、鈣質攝取不足。

6、維生素D攝取不足。

7、日曬不足。

8、蛋白質攝取不足或過量。

9、缺乏運動。

10、抽煙酗酒。

11、節食過度。

12、消化道疾病與長期腹瀉。

13、長期使用類固醇藥物、甲狀腺素、
　　利尿劑、抗癲癇藥、含鋁制酸劑、
　　免疫抑制劑等。

14、精神壓力與情緒緊張。

骨質疏鬆症的風險指標

1、父母親曾有骨折的病史。

2、本人曾經因腳步不穩或跌倒而引起骨折。

3、身高無故減少3公分以上。

4、平日抽煙20支以上。

5、平日經常大量飲酒。

6、經常消化不良或腹瀉。

7、腎臟功能不佳或洗腎。

8、患有副甲狀腺亢進。

9、女性在45歲前停經。

10、除懷孕期以外，月經中斷超過1年以上。

11、男性曾因雄激素不足而有陽萎現象。

12、服用類固醇類藥物超過3個月以上。

13、長期處於精神緊張的狀態。

14、經常腿酸。

15、背部常不舒服。

16、起床時腰背部疼痛。

17、開始駝背。

18、無法仰睡或翻身。

* 如果有兩項以上的指標者，建議做骨質密度檢測，以確保健康。

骨質疏鬆症最容易發生骨折的部位

骨質疏鬆最常發生的部位在脊椎骨、髖關節和手腕骨三個部位。脊椎骨即為一般人所謂的「龍骨」，它承受了人體全身的重量，保持身型的英挺，如果骨質密度降低，脊椎骨就無法承擔身體的重量而造成「壓迫性骨折」，如果發生在腰椎部位便會腰酸背痛，如果發生在胸椎部位便會駝背彎腰，甚至造成呼吸困難，年老的婦女身長縮短，脊椎彎曲駝背，就是典型的特徵。

女性骨質疏鬆症病患姿勢改變的情形

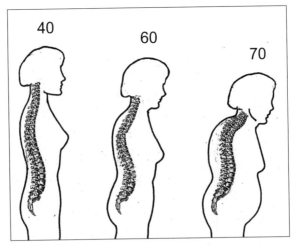

▲圖中顯示，婦女因年齡增長，脊椎骨內鈣質大量流失，使得脊椎骨逐漸彎曲，終於造成的所謂的「老婦人背駝彎」（dowager's hump）現象。

　　第二類的骨質疏鬆常發生骨折的部位就是在骶骨頸和髖關節處。在大腿骨接近骨盤末端的部位稱為股骨頸，由於年老行動不靈活，容易跌倒發生股骨頸骨折，造成行動不便甚至需長期臥床，並且發生股骨頸和髖關節處骨折的第1年死亡率為10％～25％，所以說是相當嚴重。

　　根據醫學臨床報告顯示，年齡在50至60歲之間的女性以腕骨骨折的發生率最高。因為跌倒時，人們的第一個反應就是用手掌支撐或是阻擋，如果罹患骨質疏鬆症時，脆弱的手腕骨便容易骨折。同時，年齡在60歲至70歲的婦女則以脊椎壓迫性骨折最高，70歲以上的女性則以股骨頸骨折的發生率最高。

骨質疏鬆症最容易發生骨折的部位

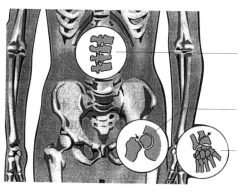

脊椎骨
脊椎的壓迫骨折

髖關節
大腿骨的頸部骨折

手腕骨
手腕的骨折

治療骨質疏鬆的藥物簡介

對於已經發生骨質疏鬆症的患者，除了補充鈣質之外，一般醫生都會開給病患一些治療骨質疏鬆的藥物，茲將在醫院裡醫生常用的藥物簡介如下：

◎ 雌激素

雌激素是目前停經後女性最常用的治療方法，也是醫學界應用最廣泛的方法。根據國外的臨床研究報告，停經後的婦女使用賀爾蒙替代法治療骨質疏鬆症比不使用者可以減少30％～70％的髖關節骨折和40％的脊椎骨骨折。女性賀爾蒙能促進骨細胞的新陳代謝作用，因此達到延緩骨質疏鬆症的發生。由於骨質的銳減所引起的骨質疏鬆症，可以用雌激素當成藥物來服用。同時雌激素可以減輕婦女更年期症侯群的各種不適現象，也能預防動脈硬化、失眠、手腳關節疼痛等症狀。

雌激素的型式包括有口服劑型、塗抹皮膚劑型或是針劑。使用雌激素治療骨質疏鬆症，也就是所謂的賀爾蒙替代治療法。使用女性雌激素後，會導致子宮內膜增生，所以發生子宮內膜異常增生或子宮內膜癌的機率會增加，同時曾

經罹患子宮肌瘤或有子宮內膜異位症的婦女，使用雌激素有可能刺激其復發或惡化。雌激素是經由肝臟代謝，所以患有肝炎的病患，在服用雌激素時應該特別注意肝的變化。有關賀爾蒙治療法的利弊，在醫學界仍持有質疑，而相關的研究結果，也是眾說紛紜，莫衷一是。因此，在服用雌激素的期間，必須嚴格遵守醫師的治療步驟，定期做追蹤檢查，同時骨質疏鬆的病患必須長期持續使用雌激素治療達數年之久，才能達到強化骨骼的效應。

用賀爾蒙雌激素來強化骨質，保護骨質免於流失，但是此法也會提升罹患乳癌和子宮內膜癌的機率。為了降低癌症的發生，醫師多半會另外開立一種女性賀爾蒙製劑，名為黃體酯酮（progesterone）的藥物，與雌激素合併使用。然而，此法雖然降低了患乳癌和子宮內膜癌的風險，但是同時也削減了雌激素的功效。以雌激素與黃體酯酮法治療，會讓停經後的婦女仍有經血來潮似的流血現象，並且一旦停止服用，又會出現和停經時相同的骨質疏鬆危險。除了增加罹患癌症的危險性之外，以雌激素賀爾蒙替代法雖然可以免於骨質流失，但是卻無法減輕因患骨質疏鬆而引起的疼痛，同時還經常發生頭痛、體重增加、高血壓、血栓、膽囊和肝臟疾病、精神抑鬱等副作用。

◎ 活性型維生素D

維生素D能促進食物中鈣的吸收率，並且能促進腎臟對鈣質的再吸收。許多醫學臨床報告指出，婦女更年期後所引發的骨質疏鬆症，多半是因為對鈣的吸收不良所造成的，並且更年期過後的婦女，其血液中維生素D的濃度並沒有偏低的現象，究其原因乃在於小腸絨毛對維生素D產生抗性，如需改善小腸的抗性，就必須使維生素D活化，也就是給以活性維生素D加以治療。

活性維生素D通常可分為維生素D3（膽利鈣醇）（cholecalciferol）和維生素D2（導鈣素）（ergocalciferol）兩種，它們都是脂溶性的硬脂醇，其構造類似膽固醇，它們必須在1-α的位置接上氫氧基（-OH）之後才會「活化」而產生活性。活性維生素D的生理作用是未加活化維生素D的千倍以上。補充活性型維生素D能夠促進腸道對鈣的吸收效率，消除身體鈣缺乏的危險。此外，活性型維生素D能夠大量製造破骨細胞，同時也能對骨芽細胞發揮功能，並且能製造出骨骼所需要的物質，促進骨骼的新陳代謝功能。

然而，如果活性型維生素D使用過多的話，需要小心發生高血鈣和高尿鈣的反應，因此長時間服用時，活性維生素D的量應該減低才行。

◎ 降鈣素（抑鈣素）

降鈣素（calcitonin）是一種甲狀腺所分泌的賀爾蒙，其主要的作用是抑制副甲狀腺賀爾蒙分泌的功能，因而減低骨骼鈣質的流失，並且降鈣素會使多餘的鈣質回收存入骨骼中，可以增加骨質密度。降鈣素是一種內生性調節平衡的因素，在哺乳類動物、鳥類、兩棲類、魚類、甚至單細胞生物體內都能找得到。降鈣素目前在臨床上經常用來治療骨質疏鬆症，其來源主要是來自鮭魚、鰻魚、人、豬。其中以鮭魚和鰻魚中提取出的降鈣素的效果強度比來自人或豬高10倍至40倍。降鈣素的主要功能是抵抗像副甲狀腺素等賀爾蒙的破骨作用，以延遲骨骼去礦化的作用，而保存骨質。

降鈣素亦能作用在中樞神經系統，產生局部止痛的作用，但是使用降鈣素和使用者的年齡有關，年齡越大，其效果越有限。

目前臨床上使用降鈣素，因其具有止痛效果，所以經常被用於急性骨折的患者身上，通常分為針劑、鼻子噴劑兩種型式。但是使用時，可能發生臉部發燙、步履蹣跚、頭痛、頭暈、噁心、便秘等副作用，並且以鼻噴劑的使用者

會出現打噴嚏、鼻黏膜不適的反應,因此,不可以長時間持續使用。

◎ 鈣穩錠

「鈣穩錠」(evista)既不是鈣片也不是女性賀爾蒙,而是一種選擇性的雌激素受體調節劑,可以用來預防及治療骨質疏鬆症,並且還可以降低血液中的總膽固醇和低密度膽固醇。它不會刺激子宮內膜,所以不會造成子宮內膜增生和陰道出血的現象;並且它也不會刺激乳房,不會使乳房脹痛,研究顯示服用「鈣穩錠」比較沒有產生乳癌的危險。但是服用者常會發生熱潮紅和腿部痙攣等副作用。

◎ 福善美

「福善美」(fosamax)是目前台灣第一個由衛生署核准治療骨質疏鬆的藥物,它是一種雙磷化合物,具有強力的抗蝕骨作用,減低骨質耗損以減少骨質流失,它在體內不易被吸收,但是一但進入體內後就會很快的聚集在骨骼裡,並且它在骨骼內的半衰期長達10年。服藥時建議最好在早上飯前服用並且必須配以大量的白開水,並且,至少

半小時不能平躺下來。其副作用為偶有上腹疼痛、下腹脹
氣、食道潰瘍、消化不良、吞嚥困難、肌肉疼痛、頭痛、
下痢或便秘等。所以服用「福善美」時必須要在完全與醫
師配合下才能服用。

◎ 氟化物

　　氟化物可以促進骨質生成，所以也是治療骨質疏鬆症的
藥物之一，但是所使用的劑量要特別小心，不可以大量使
用。醫學研究報告指出，每天服用50毫克的氟化物，所能
增加的只是骨內海綿質量，對於增加骨質密度的緻密骨量
非常有限。但是促若將氟化物的劑量降低到每日15毫克，
則可以適度增加骨質密度，降低骨折的發生率。

骨質疏鬆症治療方法的新領域──攜鈣素
◎ 何為攜鈣素

　　一般臨床治療骨質疏鬆症，除了給以含鈣的雙磷酸鹽藥物之外，就是給以口服、針劑、活性維生素D、降鈣素、氟化物或是雌激素。但是這些藥物對人體會產生許多的副作用，更不適於長期使用。目前針對骨質疏鬆症或是鈣質代謝功能異常的病患有一種既安全又可免於副作用之苦的蛋白質產物──攜鈣素。

　　攜鈣素（鈣調理素）（calmodulin）縮寫形式為CaM，是一種能攜帶鈣離子的蛋白質。由於鈣離子在細胞分子學的機制上，負有傳達細胞與細胞之間各種訊息或是細胞內物質傳遞的功能。鈣離子的生理效應以及鈣在細胞機能上的生理反應，早已被廣泛的研究，尤其是在有關調控鈣訊，也就是調控細胞內鈣離子的增加與速度上，更是目前最新的科學研究。攜鈣素在任何一種含有真核細胞的生物體內都能發現它的存在，而攜鈣素最早則是在動物細胞中發現，它在動物細胞內，主要扮演著鈣離子偵測器的角色。當動物細胞受到外界刺激後，往往會利用細胞內的鈣離子作為傳遞訊息的媒介，高濃度的鈣離子會與攜鈣素結合，

而使攝鈣素活性化，經過與鈣結合後的活性攝鈣素，就會再去活化細胞中許多與鈣質有關的酵素或蛋白質，其中包括環核甘酸轉運酵素、磷酸酵素以及各種神經傳導酵素等。因此，與鈣離子結合的攝鈣素能賦予蛋白質特殊的敏感特性，讓蛋白質更能發揮其各種特殊功能，因此在免疫機能、神經傳導、賀爾蒙與酵素的活化、體內能量啓動以及鈣離子濃度調配上都有賴於鈣離子與攝鈣素的配合。

由於攝鈣素負責傳遞訊號的功能非常重要，因此它的結構在長時間的演化過程中得以保存良好，形態一直沒有改變，不僅在不同種類動物的攝鈣素結構非常類似，甚至連動物與植物間的攝鈣素差異也不很大。

許多科學研究證實，攝鈣素與鈣離子結合的結合物（CaM · Ca）會依據人體的需要來調節鈣量，以供給器官組織各個不同部位的細胞最適合的鈣質含量。人體中鈣質的儲存和應用機制，有賴於鈣離子幫浦（Ca pump）的調控，鈣離子幫浦是附著在細胞膜上的膜蛋白，細胞內和細胞外的含鈣量都藉鈣離子幫浦的輸送，而維持鈣質平衡，並且得以控制肌肉收縮、神經刺激物質釋放、肝醣解離的生理功能。一般而言，個別的鈣離子和鈣鍵合蛋白（Calcium binding

protein; CBP）是不具活性的，但是一旦結合則形成具有活性可逆錯合物（Ca・CBP），這種錯合物會調整細胞中的含鈣量，並且亦能調節和鈣有關的酵素活性，進而調控人體內的各項生化反應，攝鈣素就是屬於鈣鍵合蛋白質CBP中的一種蛋白質，同時它也是最被廣泛應用的蛋白質，也就是鈣離子必須先和攝鈣素結合形成鈣與攝鈣素的複合物Ca・CaM（CaM・Ca），才可活化細胞膜上的鈣離子幫浦，產生調鈣功能。

鈣必須有攝鈣素的存在才能發揮正常功能

能夠調節鈣離子的濃度以及能夠促進人體新陳代謝機能的物質，是現代生化和醫學各領域積極研究的對象。鈣和鈣鍵合蛋白之間的關係，早已被醫學界肯定了，人體中最重要的鍵合蛋白就是攝鈣素。細胞中大多數的鈣離子效應都需要攝鈣素充做為其傳輸誘導的媒介體。也就是說，在細胞內與細胞外游離的鈣離子的濃度，是受到攝鈣素的調節，如果缺乏攝鈣素，則鈣質就無法發揮它應有的效應，當鈣離子和攝鈣素結合成複合物時，它就能刺激酵素產生活性，或是改變其它蛋白質的活動性，並且它還能傳導神

經訊息以及調節賀爾蒙分泌。

因此，攜鈣素在人體生理上的主要功能除了調節鈣離子濃度之外，還包括有激活酵素、賀爾蒙之分泌、協調神經系統、活化巨噬細胞和白血球的抗菌力，以及啓動人體能量機制等功能。

攜鈣素的功能

功能	對身體器官的好處
調節鈣離子濃度	預防骨質疏鬆症，提昇學習和記憶能力，改善酸性體質，避免器官結石，避免產生高血鈣症或低血鈣症，平衡血壓、預防動脈硬化、降低糖尿等缺鈣引起的病痛。
激活酵素及賀爾蒙	調節女性生理期不適，淨化皮膚黑斑和改善青春痘、面皰，提昇性功能，預防胃及十二脂腸潰瘍，改善排便問題，改善過敏體質。
調節神經系統	改善失眠，肌肉抽筋，促進肌肉伸縮力，增強記憶力和精神集中力，預防老人痴呆症，改善精神緊張和憂鬱症。
提升免疫機能活化白血球和巨噬細胞	預防細菌、黴菌、病毒感染、降低腫瘤和癌症的發生率。
啓動能量	促進新陳代謝，增強體力，消除疲勞，延遲老化。

攜鈣素與鈣結合能產生一氧化氮效應

一氧化氮是一種無色無味的氣體，對人體的心血管和循環系統、神經系統、免疫系統、呼吸系統、消化系統和生殖系統等都有相當的重要性。1998年諾貝爾醫學獎就由穆雷德教授 (Ferid. Murad, MD, Ph.D) 與佛區考博士 (Dr. Furchgott) 和依格那羅博士 (Dr. Ignarro) 共同獲得。他們發現小型氣體分子一氧化氮，能作用於平滑肌細胞，使得血管和組織細胞產生舒張的功效。美國權威的科學(Science)雜誌於1992年命名一氧化氮為年度風雲份子(Molecule of the year)。

再經過多年研究後的今天，我們已經很清楚一氧化氮對於人類和動物的作用。包括其如何由多項酵素反應，經由L-精胺酸 (L-Arginine)誘導在體內生成。作為一個血管擴張劑(vasodilating agent)，一氧化氮能夠抑制血小板的凝結和對血管的附著。一氧化氮能擴張血管內的平滑肌和腸胃內的不隨意肌。人體內的免疫T細胞和B細胞能夠生成一氧化氮分子以防止細菌和異常細胞的入侵。一氧化氮對於免疫系統的研究始於70年代，而其作用的結論大抵在80年代多已獲得科學證實。

雖然微生物可以由亞硝酸鹽還原或由氨氧化製造一

氧化氮;但是哺乳動物過程則較爲複雜,要由L-精胺酸(L-arginine)和鈣在一氧化氮合成酶(NOS)的催化下,經過一中間產物才能轉換成L-西瓜胺酸(L-citrulline)和一氧化氮(NO)。

一氧化氮合成酶有組合式和誘發式二種。其中最重要的nNOS(n代表neural神經的)和eNOS(e代表endothelial皮內的)都是組合式酶,他們都需要鈣離子和攝鈣素先行組合,然後再和nNOS或eNOS組合才能產生催化作用,進而產生一氧化氮。

一氧化氮傳導信息的功能和作用機制隨其製造出來的部位而不同。其主要功能有三種:(1)在神經突觸則是當作神經傳導因子,和腦部學習及記憶有關。(2)在血管內皮能使血管的平滑肌細胞放鬆而擴張血管,因而可以降低血壓。(3)在巨噬細胞則可以損壞腫瘤細胞而將其殺死或停止其繁殖。

一般人的血管總長約有100,000哩長。一氧化氮對於心血管醫療而言,是一個革命性的重大發現,一氧化氮能在內皮細胞裡面產生。一氧化氮是一種訊號分子,幫助體內促進血液循環流通,因此一氧化氮對人體能具有直接幫助。

一氧化氮在醫學臨床的功能：

調節大腦及神經系統：提昇記憶、幫助睡眠、預防老人癡呆症。

增進骨骼肌肉功能：增強力量、消除疲勞、減少肌腱疼痛。

調節胰島素分泌：預防血糖過高。

抑制腫瘤生長：增加巨噬細胞以阻止腫瘤生長，並縮小腫瘤。

強化性功能：增進性高潮、增長性刺激的持久。

消炎功能：緩解發炎、減少疼痛、修復損傷的細胞組織。

放鬆血管平滑肌：預防動脈硬化、中風、高血壓、心絞痛。

加化肺功能：提供充足氧含量，預防肺氣腫。

保護心臟、穩定心跳頻率：預防血管損傷、狹心症、心肌梗塞。

平衡血壓、增進血流：預防血栓、降低膽固醇。

增強免疫系統：促進骨髓產生血液細胞，增加殺手細胞產量。

保護皮膚：改善搔癢過敏症、幫助皮膚的再生能力。

　　因此，攝鈣素與鈣結合產生一氧化氮效應，對人體健康具有相當的重要性。

陽光與運動是預防骨質疏鬆症的良方

陽光中的紫外線可以使維生素D活化加速鈣質的吸收，但是許多人擔心日光曝曬過度容易導致皮膚癌，而不敢曬太陽。其實如果只是為了預防骨質疏鬆而作日光浴的話，是不必曝曬過度，只需在中強度的日光下，穿著平常衣服做些戶外活動就足夠了，同時也只需要每星期兩三次接觸到陽光就可以了。透過玻璃的陽光，只有紅外線可以通過，紫外線則無法通過，因此不能單靠室內的陽光，要獲得活性維生素D，則一定要走出戶外，享受陽光的照射。

雖然攝取了鈣質豐富的食物，同時又借助日光浴來增加維生素D，體內可以吸收多量的鈣質，又由於血液中的鈣質濃度呈均衡狀態，因此不必擔心引起血鈣濃度過高的現

象，但是如果不做運動，給骨骼施加壓迫力，則多餘的鈣
質就會經由尿液和糞便排出體外，而無法儲存到骨骼中。
因為一個人所做的體重承受運動的多寡，會直接影響到
造骨細胞的活動力。所謂的體重承受運動（weight bearing
exercise）包括有散步、舉重、彈跳等運動，是指身體在重
複的動作中，骨骼和肌肉為了對抗地心引力而進行強化骨
骼的運動。太空人在太空艙無重力的情況下，若時間持續
過長，神經和肌肉會產生麻痺，肌肉一旦衰竭，骨骼的功
能也將下降。所以，太空人必須時常活動自己的手腳，或
是用力拉住太空艙中的金屬槓來維持肌力，以鍛鍊骨骼。

　　美國體操協會曾做過抽樣報告，結果發現經常作有氧體操
的人的骨骼含鈣量比不做的人的含鈣量為多，如果組合有
氧體操和舉重兩種運動的人，其骨骼含鈣量更是優越。研
究報告指出，如果要刺激造骨細胞的活動力，與其利用短
暫時間做劇烈運動，還不如花較長的時間慢慢的做運動，
因此慢跑、散步、太極拳等都能在強化骨骼上具有明顯的
效果。

預防骨質疏鬆該不該喝牛奶？

適量的蛋白質可以促進鈣質在腸道的吸收率，但是過量的蛋白質則又會促使鈣的流失。牛奶中含有豐富的鈣和蛋白質，並且其鈣與磷的比例為一比一。因此許多醫生和營養學者都建議大家飲用牛奶或食用乳製品來補充鈣質以預防骨質疏鬆症。但是又有許多自然醫學專家學者對牛奶能預防骨質疏鬆症存有高度的疑慮。究竟該不該喝牛奶？或是該如何飲用牛奶？成了贊成或反對各占半數的拉鋸戰。

依據各國飲食習慣與罹患骨質疏鬆的比例的調查結果，令人對牛奶能預防骨質疏鬆症產生了更多的懷疑。以愛斯基摩人每天吃魚和含高鈣的食物，其鈣的攝取量大約在2000毫克，超出了一般人每日所需鈣量的1倍，但是愛斯基摩人卻是世界上骨質疏鬆症最嚴重的地方。再者美國是消耗乳製品最高的國家，但是罹患骨質疏鬆症者也非常普遍。

根據一項哈佛大學營養研究所針對78000名婦女進行了長達12年的調查發現，多喝牛奶對於骨質疏鬆症並未帶來預期的預防效果。牛奶中含有豐富的鈣質和乳糖，一般大眾都認為多喝牛奶能夠提早補充骨本，可以預防骨質疏鬆。身為美國的「責任臨床醫師委員會」（Physician Committee

for Responsible Medicine）中的委員尼爾‧波那醫師則發表論文表示：「一般人以爲多喝牛奶就能夠預防骨質疏鬆症，我們也無法阻止他們這麼想，但是包括了營養師和醫師在內，他們並不眞正知道牛奶並沒有這樣大的功效。單純的牛奶並不能取代運動和其他各種多元化食物中的鈣質，以及鈣的補充劑的功效。牛奶只能當做鈣質來源的一種，但不是單純的補充牛奶就能逃脫成因複雜的骨質疏鬆症，牛奶中有效鈣的功能並不如一般人想像地豐富。」

其實骨質疏鬆症的發生除了在於攝取鈣量是否充足之外，其重要的關鍵在於能否吸收和能否保持鈣質不被流失。如果飲食中包括了大量的魚、肉、蛋、牛奶等蛋白質，則身體內會因爲過多的蛋白質而變成酸性體質，身體爲了維持其弱鹼性的平衡標準，就必須從骨骼中抽取鈣質來中和體中的酸性以維持弱鹼性的體液。如果日積月累的抽取骨骼中的鈣質，骨質必然逐漸流失而疏脆。因此，骨質疏鬆的元凶之一就是「蛋白質過量」。牛奶所含鈣量固然很高，但是所含蛋白質更高，所以一旦飲食不加控制，食物中的蛋白質太多再加入飲用牛奶中的蛋白質就難免將骨骼中的鈣質溶解出來，反而不利於骨中鈣的保存。

　　另外在西元1999年「美國流行病學期刊」（American Journal of Epidemiology 1999）中一篇有關「補充鈣片可以降低心臟病發生」的研究論文中指出，每天攝取1,500毫克的鈣片組的受試組，比不吃鈣片的受試組的心臟病發生率下降了46％，但是由各種高鈣食物中獲取鈣質的一組，則看不出對於心臟病的預防上有任何明顯的功效。其中最令人訝異的研究發現，以牛奶為主要鈣質來源的受試組，其心血管疾病的發生率與完全不需鈣攝取組相同，也就是說，唯有吃鈣補充劑的一組才能夠降低栓塞性的心臟病發生率。論文中並指出「研究發現對於要補充鈣質來預防骨質疏鬆症的婦女一個重要的警告，對於有心血管疾病家族病者，或是膽固醇與體重過高的女性，牛奶可能並不是一個良好的鈣質來源，她們應該考慮使用鈣的補充劑來補充流失的骨質，或是考慮從其它低脂食物中來獲取鈣質。」

　　以牛奶補充鈣雖然說法各有不同，但是也不必過於執著於「喝」與「不喝」，其實以小量為原則，並且控制蛋白質攝取量，牛奶在營養價值上還有許多優越處。有許多人不吃任何東西就空腹睡覺，反而有血鈣下降的可能，因此就會焦躁而無法入睡，大多數人曾有的經驗就是睡前喝一杯溫牛奶，

有助於安定神經和睡眠，這就是因為牛奶中的鈣質被吸收後，可以消除緊張的情緒，紓解神經有助於入睡。

Part

7

鈣與成人慢性病的預防功能

高血壓患者必須控制鹽分的攝取量，因為食用過多的鈉鹽，使得細胞內的鈉離子囤積，無法釋出細胞外，或使鈣離子進入細胞內。因此，預防高血壓必須攝取充分的鈣質，才會將體內多餘的鈉排除體外，消除攝取過量鈉的危害。

全家如何參與鈣幫家族

鈣與成人慢性病的預防功能

◎ 鈣與高血壓

人體的血液在血管中藉著強大的壓擠力而流動，這種壓力就是血壓。血管在外側被平滑肌包圍著，當這種不隨意平滑肌收縮時，血管就會變狹窄，平滑肌伸展時，血管就會變寬。這種不隨意肌的收縮動作受控於自律神經，自律神經中的交感神經可以使血管收縮，使血液能進入體內，血壓相對的上升。相反的，副交感神經可以使血管擴張讓血壓相對的下降，這就是人體血壓有收縮壓和舒張壓兩種。

當鈣質不足時，為了維持血液中一定的鈣濃度，所以副甲狀腺賀爾蒙出動，從骨骼中取得鈣離子以便平衡血液中不足的鈣質，但是從骨骼中溶出來多餘的鈣離子就會進入細胞內，當血管的細胞內鈣的含量增加時，血管的平滑肌就會收縮，而使血壓上升。

市面上有一種「鈣頡頑劑」的藥物，它可以把細胞中管控鈣出入的門戶鎖住，不讓鈣進入。由於從骨骼滲出的鈣進入血管細胞，導致血管收縮力加強使血壓升高，而服用了「鈣頡頑劑」之後，鈣就無法進入血管細胞中，因此對治療高血壓很有功效。但是，攝取充分的鈣質和服用「鈣頡頑劑」的

藥物，同樣的可以達到預防高血壓的效果。只是前者是因為體內有了充分的鈣，就不需要從骨骼中溶出過多的鈣質而造成血壓過高的後果，而後者則是阻止血液中的鈣質進入血管細胞而達到降血壓的效果。攝取足夠的鈣質還是最天然、最安全，並且沒有副作用的降低血壓的方法。

高血壓患者往往必須控制每日鹽分的攝取量，這是因為食用過多的鈉鹽，使得細胞內的鈉離子囤積，無法將鈉釋出到細胞外，和鉀離子進行交換。因此細胞內的鈉離子就與細胞外的鈣離子進行交換，使鈣離子進入細胞內，高血壓患者如果吃了過多的鈉鹽，使細胞內的鈉增加，同時也使細胞內的鈣增加，因此讓血壓更為上升。此外，鹽吃太多，也就是鈉的攝取量過高時，鈣會排到尿液中，促使鈣質流失，而當鈣持續性不足時，鈉就無法排出，結果就會一直囤積在體內，導致身體器官發生病變。因此，為了預防高血壓，就必須攝取充分的鈣質，充分的鈣質才會將體內多餘的鈉排除體外，消除攝取過量鈉的危害。

◎ 鈣與妊娠血毒症

最使孕婦擔心的就是罹患妊娠血毒症，尤其是會引起痙攣的子癇病。妊娠血毒症的症狀包括有血壓高、蛋白尿、水腫和肌肉痙攣。其中痙攣的原因之一就是因為血壓升高，使血管收縮，並且血液無法充分到達大腦所致。

事實上，妊娠血毒症也是因為缺乏鈣質所引起的病症。懷孕的母親如果鈣質攝取不足，又必須提供胎兒形成骨骼必要的鈣質，因此從骨骼中大量釋出鈣質，致使細胞內鈣離子量過高，導致血壓高及其他合併症，而形成妊娠血毒症。所以，懷孕期間鈣質的攝取量必須充足，才能免於罹患妊娠血毒症的危險。

◎ 鈣與菸、酒

經常飲酒過量，同時鈣不足時，常會引起強烈的酒精中毒現象。酒精首先危害的器官就是肝臟，過量酒精中毒會導致脂肪肝、肝硬化，甚至引發肝癌。同時飲酒會使血壓上升，而鈣可以減輕酒精對肝的傷害，所以飲酒時多補充鈣質不但可以保護肝臟，同時也能彌補因為酒精阻礙小腸吸取鈣質不足而導致暫時性的血壓高。

香菸中的尼古丁會刺激腦神經而影響腦的功能，當尼古丁進入體內後，會導致腦部分泌一種「抗利尿賀爾蒙」，使尿液量減少，同時尼古丁還會促進「腎上腺賀爾蒙」的分泌，而導致血管收縮，使血液無法順利抵達神經末梢，除了使血壓上升之外，並且使血流無法到達指尖和腳尖，導致手指和腳趾動脈痙攣僵硬、疼痛。因為尼古丁會導致血管收縮，此時若缺乏鈣質，則血管收縮的情況會更加嚴重。適量補充鈣質，有助於和緩血管收縮，減輕痛苦。

長期大量抽煙，較易產生肺癌、腸癌和胃癌，因為尼古丁在體內會導致細胞內外的鈣質濃度失衡，免疫機能下降，使癌細胞有機會滋長。補充足夠的鈣質可以維持正常的鈣平衡，降低引發癌症的機率。再則，尼古丁能刺激胃酸分泌過盛，造成十二指腸潰瘍或胃潰瘍。服用鈣質可以有抑制胃酸的作用，降低潰瘍的發生。

◎ 鈣與卵巢癌

任教於夏威夷大學的顧德曼博士(Dr. Goodman)在美國流行病學雜誌所發表的研究報告指出，每天補充1000～1200毫克的鈣質，可以讓婦女罹患卵巢癌的發生率下降54%之

多。卵巢癌是一種早期治癒率很高的癌症，只是很少能及時在初發期發現，一旦癌細胞擴散至末期時存活率就只剩下29%。

停經的女性服用雌激素而導致卵巢癌及子宮內膜癌的發生率上升。以前曾有研究報告指出，攝取過多的乳製品，可能會提高卵巢癌的罹患率，但是顧德曼博士發現，這種說法並不正確。因為參與顧德曼博士之研究的婦女所攝取的鈣的來源，正是乳製品，但是其唯一不同處就是他所提供的乳製品都是無脂（skim）或低脂（low fat）可能是使卵巢癌罹患率降低的主要關鍵，同時，以鈣的補充劑來代替乳製品中的鈣質，也同樣能降低卵巢癌的發生率。但是，以全脂乳（whole milk）為補充鈣質的來源，則無法達到降低卵巢癌的作用。至於乳製品、乳糖、乳脂肪和鈣質與卵巢間的相互關係為何，尚待進一步的研究。但是可以確定的是，以鈣的補充劑或是食用低脂或無脂的乳製品來補充所需的鈣質，是婦女保健的重要方法。

◎ 鈣與糖尿病

糖尿病是國內成人病人口中增加率最快的慢性病。糖尿病患在短期內並不會出現明顯的危險,但是長時間如果沒有注意改善,則會引起許多併發症,其中包括了血管硬化引發的腦中風或心肌梗塞、腳部組織壞疽、視網膜出血、失明、腎功能衰竭、神經功能降低、骨質疏鬆等不可逆的病症。

引起糖尿病的原因,除了因為胰臟切除無法分泌胰島素外,多半是因為雖然分泌了胰島素,但是它並沒有在需要時出現,或是分泌不足或過慢,導致胰島素無法充分行使其功能,或是和胰島素作用相對的賀爾蒙功能過高。

胰島素的分泌,必須利用到鈣質。也就是胰島素的分泌需要依照人體鈣離子的指示。胰島素是由胰臟內的蘭格爾罕氏島(胰腺島)(胰島)(Langerhans' Islets)上的 β -細胞接受到細胞內中葡萄糖的信號,知道要分泌胰島素,同時葡萄糖又使細胞內的ATP增加,這種能量致使鈣離子能進入 β -細胞內的關卡打開,使電流流過細胞膜,鈣離子能夠順利的進入 β -細胞內並且刺激 β 細胞,發出「請分泌胰島素」的信號,而直接促進胰島素的分泌。因此,胰島素分泌的主要關鍵,即在於 β -細胞內外鈣離子的濃度與活動。

簡單的說，胰島素是由胰臟中的胰島的 β-細胞所分泌出來的，β-細胞在分泌胰島素之前，必須先獲得「血液中的葡萄糖過高，所以身體需要胰島素來分解」的訊息，負責傳遞這項訊息的就是鈣離子。鈣將需要胰島素的情報傳給 β-細胞，β-細胞才會開始從事分泌胰島素的工作。鈣之所以能夠將正確的情報傳遞給 β-細胞，主要是因為細胞內外維持著一比一萬分之一的濃度差，使得當 β-細胞內的葡萄糖產生訊息「可以使細胞外的鈣離子進入」的訊息時，鈣離子能夠進入 β-細胞內。可是如果體內的鈣質不足，導致骨骼中的鈣離子大量進入細胞內，致使鈣離子平衡失調，多餘的鈣進入了 β-細胞內，造成 β-細胞的感覺遲鈍，無法正確的掌握情報，因此無法順利的分泌出身體所需的胰島素，使得血液中的葡萄糖無法分解，導致血糖上升，引起糖尿病。

有些糖尿病患是因為發生自我免疫的現象，也就是原本應該對抗由外入侵的病原體的抗體，卻反而攻擊到自己的 β-細胞，使 β-細胞受到傷害，無法分泌胰島素，這種因為無法分泌胰島素的糖尿病，稱為胰島素依賴型糖尿病，也就是所謂的第一型糖尿病，年輕人或小孩所發生的糖尿病多

為第一型的依賴型糖尿病。

　一般成年人常出現的多半是非依賴型糖尿病，又就是所謂的第二型糖尿病。也就是患者本身雖然擁有製造胰島素的 β-細胞，但是因為 β-細胞無法獲得正確的訊息，而無法適時分泌出所需的胰島素。這種情形往往發生在體內鈣質不足的情況下，因為鈣一旦不足，副甲狀腺賀爾蒙就會釋出，使骨骼中的鈣質溶出，使多餘的鈣離子進入 β-細胞內，影響到正確情報訊息，使胰島素無法分泌或分泌不足。

　此外，維生素D與胰島素分泌亦有很大的關聯性，維生素D在腎臟內轉化成活性型維生素D，可以促進腸道內鈣質的吸收，同時活性型維生素D也可以對胰臟的 β-細胞直接作用，和鈣質協調，以提高胰島素的分泌。因此，一旦維生素D缺乏，或是腎臟發生病變，即會使得胰島素分泌降低。

　所以糖尿病也是由於維生素D的代謝功能異常，使得活性型維生素D無法在體內充分地合成，因而導致 β-1細胞內外鈣質的平衡失調，進而無法順利分泌胰島素所致。糖尿病患，因為缺乏鈣，有二成以上的病患，其骨質明顯變得脆弱。同時糖尿病患限制營養物質的攝取量，往往容易造成鈣質缺乏的現象。所以，改善糖尿病的方法則要從補充足

夠的鈣質與維生素D，以及充分的運動和接受適量的戶外陽
光照射。

　　精神壓力也會導致糖尿病。因為壓力形成後，副腎皮質賀
爾蒙會釋出，因而妨礙腸道對鈣質的吸收，使鈣質從尿液
中排出，所以壓力過大會造成鈣質不能吸收，使得糖尿病
及其併發症更加惡化。在精神壓力大的情況上，大量補充
鈣質是絕對必要的。

◎ 鈣與胃病

　　鈣質具有保護胃壁，預防潰瘍，和防止胃癌發生的功能，
同時，對於已經發生的胃癌增生，也具有抑制的功能。引
起胃癌有許多原因，其中之一就是與平常的飲食習慣有密
切的關聯性。尤其是喜好食用高鹽食物的人，服用鈣質含
量高的食物，可以防止過量的鹽分侵蝕胃黏膜細胞，引起
慢性胃炎，進而促使胃癌的發生，因為鈣質在胃內，可以
保護胃壁的細胞膜，抑制食鹽障礙所帶給胃壁的不適。有
關這一項理論，可以經由老鼠實驗而加以證實。

　　如果在老鼠的食物中添加20%的食鹽，則發現三天後，老
鼠的胃黏膜明顯地出現充血及腫脹的現象。但是，如果給

予高鹽食物的同時，也添加10%的鈣質，則老鼠就不會出現胃炎症狀。再以患有胃癌的老鼠做實驗，發現餵以高鈣群的老鼠存活率有顯著的增加，這可能是因為鈣能夠阻止癌細胞的核蛋白合成，藉此來抑制癌細胞的增生。

胃癌的發生率，與地區有相當的差異性，因為每個地方都有其飲食的特性。就以各地區之飲用水的水質與胃癌發生率加以分析比較，結果顯示，飲用水含鈣量較多的地區，其胃癌的發生率較少。這個事實，可以說明鈣質具有預防胃癌的功能。

◎ 鈣與血友病

當人體受傷流血時，血液就會在傷口處凝固，而不會讓血液流血不止。血液凝固與鈣離子有密切的關係，如果血液中鈣質不足，則血小板不易凝固，一旦受傷，則容易造成血液不止的現象，這種就是血友病。血友病的患者，血液中的鈣離子往往偏低。有時必須依靠輸血才行，而輸血用的血液，必須保持在檸檬酸鈉的緩衝液中，因為檸檬酸鈉易於和鈣離子結合，如此，才能將血液中的鈣離子阻擋隔離，血液才不會在保存中凝固。當這種血液輸至人體時，

檸檬酸鈉將很快的被排泄到體外去，因此回復到原本正常血液的狀態，也就是鈣離子能自由活動，具備凝血的功能。

◎ 鈣與精神焦慮

　　人體內的鈣離子對於肌肉和神經細胞的活動上很重要，鈣不足的時候，容易精神焦燥不安或是發生歇斯底里。這是因為血液中的鈣需要維持一定的數值，但是當身體中的某種協調功能受阻時，血中鈣質的均衡即受到影響，如果血液中的鈣離子份量比正常值少，則神經系統就會呈現緊張狀況，就會精神緊張焦慮，並且可能會發生肌肉僵硬性痙攣。反之，某些患有副甲狀腺亢進，造成副甲狀腺賀爾蒙大量分泌的異常現象，血液中的鈣質增高，降低精神緊張，但是卻會使意識上變得痴呆、食慾減低、昏昏欲睡，並且會降低肌肉的伸張力。如果平日攝取鈣量不足，則血液中的鈣離子濃度會逐漸下降，因此副甲狀腺賀爾蒙量增加，會從骨骼中溶出鈣質，使血液中的鈣質恢復正常，但因此會導致骨質流失，因此，晚間睡覺時可以補充些鈣質，一則可以免除整夜焦慮不安，同時也確保骨質不會流失。

◎ 鈣與動脈硬化

　　當血液中的鈣不足時，副甲狀腺賀爾蒙就會發生作用，由骨骼中抽取出鈣質，以維持血液中鈣的濃度保持一定的比例。但是釋出多餘的鈣就會存積於血液中，這種多餘的鈣很容易沈澱在血管中，而招致動脈硬化。因此，動脈硬化的原因之一也是因為身體內鈣量不足。在許多骨質疏鬆症的患者中就有許多患有動脈硬化的人。骨質疏鬆症惡化的人，其大動脈鈣積存的情況相當嚴重，當從側面拍攝腰椎的X光片時，原本應該照不到的大動脈，居然能像骨骼一樣照出白色顯像，這就是因為鈣積存在血管中產生動脈硬化所造成的。

　　動脈是一種柔軟組織，分為外膜、中膜、內膜三層。中膜是由平滑肌構成，富有像橡膠般的彈性，當血液由心臟推擠出來時，血管就會擴張使血液通過，當血液量少時就會收縮，藉著血管的伸縮力，使血液可以流向人體內各個器官組織內，供給所需的養分與能量。動脈硬化大部分是先從與血液接觸的內膜開始，原本平滑的內膜會生出皺紋，並且會有部分類似肉瘤狀的小突起，這些小突起四週會有許多血小板聚集，血中的鈣質與低密度的膽固醇開始囤積

在內膜突起處，使血管內膜逐漸增厚而且變硬。這是動脈硬化的開始，也就是病理上所稱的「粥狀動脈硬化症」。這種粥狀突起的動脈內層，長久受到鈣質的囤積，變得有如骨骼一般的硬，也會產生有如骨骼般折裂的危險，這就是真正嚴重的動脈硬化。另一種血管硬化症，是由血管中膜產生石灰化的鈣化現象，這也是動脈硬化的一種，稱為「動脈中膜硬化症」。

　　高血壓的患者，在血壓升高時，往往會造成血管壁形成小小的傷口，為了修補這些傷口，血小板就會聚集並且和血中的鈣質凝結，使得血管壁變厚變硬，並且血管中的通路愈來愈狹小。也就是因為鈣不足反而導致骨鈣外流，增加了血液中的鈣質的「鈣逆說」現象，與血液中低密度的膽固醇(LDL)一起黏著在血管壁上，造成動脈硬化。

◎ 鈣與心臟病

　　心臟的冠狀動脈只要有一條堵塞，就會造成心肌缺氧，葡萄糖和其它養分無法送達心臟，造成部分心肌逐漸枯竭壞死，組織纖維結成硬痂，造成心肌梗塞。血管中鈣質積存，使膽固醇容易附著於血管壁上，或是心肌細胞內鈣質

增加導致電解質不平衡等原因，都會引起心肌壞死，導致心臟病發。所以，心肌梗塞的疾病，就是冠動脈阻塞，進而導致心肌壞死的疾病。如果冠狀動脈是在根部硬化時，因為在此範圍提供心臟血液量最多，如果發生硬化或阻塞，心臟受損率最高，可能導致整個心臟停止跳動。

心肌硬塞的患者又以血液中膽固醇較高的人的罹患率較高，因此，降低血液中膽固醇的含量也是預防心臟病的方法之一。

血中鈣離子的含量正是與血液中膽固醇的附著血管率有相互的相關性。血管內側有一個彈性的柵欄，除了給予血管彈性之外，也能將有害血液的成分例如膽固醇等脂質阻絕於外，不讓它進入血管本體，而加以防衛。但是如果人體體內缺鈣，引起「鈣逆說」的現象，使得血液細胞中鈣離子增加，這時膽固醇則能混淆柵欄防衛進入血液，並和多餘的血鈣沉積在血管壁，引起動脈硬化，由於動脈硬化而產生血栓，也是成為心肌梗塞的原因。這些由鈣引起的心臟病，大半都是由於鈣質缺乏，反而導致積存在血管中的鈣量增加所致，所以從食物中補充鈣質，是預防心血管疾病的主要食療方法之一。

全家如何參與鈣幫家族

◎ 鈣與腦中風

腦血管梗塞，也是動脈硬化的併發症之一，與心肌梗塞相同，腦血管阻塞會使部分腦細胞壞死，而壞死的腦部會變得鬆軟，造成腦軟化症。

許多腦溢血中風的病患常與高血壓有密切關係，因為腦微血管壞死，使得微血管無法承受高血壓導致出血，其壞死的原因是由於鈣大量進入腦細胞中所引起的，這也是受到身體缺乏鈣質的影響。

腦中風也是因鈣不足所引起的，其基本原因還是在於廣泛分布於全身組織細胞及血液中所占1％的鈣質含量。血液中的血漿在一百公克中含有鈣質十毫克，這種正常的血鈣比例能夠維持血液的凝固性，並且會使血管內側細胞互相連接。如果在血液中每一百公克的血漿所含的鈣量只有五或三毫克以下，就會造成血液凝固力降低，同時血管內側細胞間就會出現空隙，造成血管內側的欄柵的滲透性加強，血管壁的空隙增加，造成膽固醇進入血液，與鈣積存沉澱，引起腦血管硬化導致腦中風的前因。

暫時性的腦缺血會使腦血管暫時出現痙攣現象，腦中血液不暢通，可能會導致暫時性的手或腳麻痺，或是不能說

話，但是過幾分鐘之後，又恢復正常。這都是因為缺乏鈣質的原因，當骨鈣滲出過多，導致腦血管細胞中的鈣質增加引起暫時性的痙攣。平日攝取充分的鈣質是預防中風的食療方法之一。

◎ 鈣與老人癡呆症

老人癡呆症又名阿滋海默症(Alzheimer's disease)，是一種智力和機能逐漸喪失的疾病。老人癡呆症是一種男性和女性都可能發生的常見老人慢性病。其主要表現是記憶力下降和行為變化，有時會出現幻覺及括約肌失控例如大小便失禁等症侯。患有阿滋海默症的病患其腦細胞內鈣及鋁的含量有明顯的增加，同時和阿滋海默症一樣會引起癡呆的疾病是腦血管阻塞，血液及氧氣無法到達大腦的腦血管性癡呆症。鈣質缺乏時，必須藉著副甲狀腺賀爾蒙從骨骼中釋出鈣質，這種鈣充斥體內，就會引起鈣逆論的現象，積存在腦細胞過多的鈣質，就容易產生類似老人癡呆的症狀。

年齡增長後，腎功能就會逐漸減弱，同時外出曬日光的機會也減少，因而製造活性型維生素D的量也下降，使得腸道吸收鈣的力量減弱，再加上牙齒鬆動，飲食攝取量下

降，鈣質補充不足，因此造成血清鈣缺乏，導致副甲狀腺賀爾蒙分泌，從骨骼中將鈣釋出，造成腦血管硬化，或是腦細胞鈣化，尤其是大腦部和記憶力有密切關係的海馬細胞內，鈣量大增，而導致老人癡呆的現象。

◎ 鈣與肝病

　　肝臟疾病的成因有多種因素，由病毒感染引起血清肝炎，或是飲酒過量而造成酒精性肝炎，以及脂肪肝、肝硬化、肝癌等，此外，藥物或化學物質也會導致肝臟細胞產生障礙而形成藥物性肝炎。當肝臟細胞受傷時，肝臟細胞的細胞膜防禦功能下降，細胞外的鈣質大量進入肝細胞中，如果數量過多時就會導致肝細胞死亡，這就是所謂的「急性肝臟壞死」。

　　當肝臟細胞受到破壞，細胞內外的鈣離子濃度就無法保持萬分之一的均衡狀態，此時病毒就趁虛而入，同時攜帶大量的鈣質進入肝細胞，導致部分免疫系統過分活躍，會把此類細胞視為異物而大肆攻擊，甚至連正常的肝細胞也不能倖免，如此，不但破壞肝臟組織，也會阻礙肝臟細胞再生的機會，使肝臟病情不斷惡化。

　　從飲食中充分攝取鈣質，可以預防因缺鈣質而引起「鈣逆說」所形成骨鈣流入細胞中，間接預防肝病惡化或肝病發生。

◎ 鈣與肥胖

　　所謂肥胖就是指體內蓄積了過多的脂肪，而形成體重超過標準的狀態。而實際上，肥胖的界定，很難完全評定。自我評估和自我感覺常與實際標準相差很大。理想的體重是以身高減去一○五，或以身高減去一○○再乘上○.九，如果超出標準百分之三十以上，便可稱為肥胖。肥胖的原因多半是因為賀爾蒙失調而引起的，例如，腎上腺及皮質部賀爾蒙分泌過多的顧盛氏症候群以及甲狀腺賀爾蒙分泌不足的黏液水腫等。此外，如果支配食慾的視丘下部失調，導致吃了再多的食物都不會有飽足感，也是引起肥胖的原因，當然，飲食不當，平日攝取過量的高熱能食物也是造成肥胖的主因之一。

　　當體內鈣質充足時，血液中的鈣濃度提高，身體就會分泌一種降鈣素，它會作用於大腦，讓食慾減低。當鈣量攝取不足時，降鈣素分泌減少，食慾因而增加，體重自然上

升。特別是年長的女性，身體中吸收的鈣質不足，不但不會產生降鈣素，反而會從骨骼中釋出大量鈣質，讓食慾上升，沒有飽足夠，因此中年婦女經常開始發胖。

肥胖的人多半意志力薄弱，無法控制食慾，再加上血液中鈣質不足，神經處於亢奮狀態，情緒不安，容易緊張，往往假藉食物來安慰自己，此類情況下的肥胖者，可以服用活性維生素D和鈣劑，提高身體含鈣量，使降鈣素適量分泌，得以控制食慾並且穩定情緒。

同時，肥胖的人補充鈣質後，又可以降低因為肥胖而導致糖尿病、血壓高、動脈硬化等的發生率。肥胖的人鼓勵多做些消耗熱能的運動，當脂肪被消耗時，會產生葡萄酸和乳酸等物質，這些物質都會使體液傾向酸性，補充足夠的鈣質不但能維持體液不被酸性化，而且也能補充肌肉因為運動不斷收縮所消耗的鈣質。

◎ 鈣與失眠

鈣對肌肉收縮與神經的興奮程度有直接的關係，因此人過中年後，除了從飲食中攝取鈣質外，也有必要藉著鈣的補充劑來補充體內鈣質的不足，如此才能保持身體與精神雙

方面的健康。血液中鈣質的含量如果降低，很容易令人變得焦躁不安甚至失眠。

在一日之中，血液的含鈣量不停地變化，白天時刻因為攝取食物所以血液中的鈣量會略微上升，但是到了夜晚不吃任何東西時，則血液中的鈣量會略微下降，因此可能精神焦躁而失眠，因此，睡前攝取些含鈣的食物或鈣的補充劑，可以提高體內的含鈣量，可以穩定情緒，有助於幫助入睡。

適量的鈣質有抑制交感神經活動的功能，在睡眠時，交感神經的活動需要抑制才能穩定睡眠狀況。因此，要入睡時要盡量安定腦神經，減少外界對腦部的刺激，所以睡覺時光線要柔和低暗，就是為減少視覺的刺激，輕柔的音樂或是寧靜的場所就是減少聽覺的刺激，柔軟的寢具和睡衣，也是為了減少對皮膚的刺激。這一切都能夠抑制交感神經的活動。如果就寢前能攝取一些容易被吸收的鈣質，則更能夠抑制交感神經而達到安眠的目的。

◎ 鈣與愛滋病

　　人體遭受到病毒感染，產生各種因病毒而引起的疾病，例如腸病毒、肝炎、SARS、流行性感冒等。而愛滋病也是因為T淋巴球細胞遭到病毒入侵所致。雖然愛滋病患者本身的身體機能不會造成傷害，但是因為T淋巴球無法發揮抗菌功能，所以導致愛滋病患容易遭到外界的病毒、細菌等的感染，而無法做防禦上的保護與攻擊。所以愛滋病又稱為「後天性免疫不全症候群」。

　　愛滋病患攝取鈣量不足，或是鈣的吸收遭致妨礙，或是缺少外出運動難以形成活性維生素D等因素，則由骨骼滲出多餘的鈣就會進入T細胞內，當鈣進入T細胞內後，會導致T細胞死亡。此外，愛滋病患的血液中的副甲狀腺賀爾蒙含量很高，這也印證了愛滋病也是鈣質缺乏的一種病症。

◎ 鈣與慢性風濕性關節炎

　　慢性風濕性關節炎，是一種自我免疫亢進的疾病，患者的關節處會出現紅腫、變形、疼痛的現象。這種病痛是患者身體為了處理體外所入侵的異物而形成的抗體，但是卻反而傷害到本身健康的細胞所致。這種免疫疾病是因為細胞

內鈣質過多，造成免疫情報傳遞混亂而引起的，因此，慢性風濕性關節炎症也是與鈣不足有關。

◎ 鈣與紅斑性狼瘡症

在自我免疫性疾病中，最具代表性的疾病就是紅斑性狼瘡症。這類自我免疫性亢進的疾病，都有一個共通的細胞內鈣質含量過高的現象，也就是細胞內鈣量過多，導致免疫訊息混亂，導致局部的免疫功能過分活躍，而開始攻擊自己本身的細胞所致。女性容易鈣質不足，再加上不當的節食，使得女性患者比男性為多。因為抗體生成反而傷害到自己本身的細胞，是因為多餘的骨鈣進入細胞內而造成的，所以攝取充分的鈣質，抑制副甲狀腺賀爾蒙的分泌，可以減輕病情或是預防發病。

有時醫生開的藥物中，需要長時間使用類固醇，使用這種藥物除了讓腸道不容易吸收鈣質外，並且也會加速鈣質隨尿液排出體外，導致人體含鈣量更低，因此服用類固醇藥物的患者，除了必須大量攝取鈣質外，也必須服用活性維生素D來幫助腸道對鈣的吸收。紅斑性狼瘡的患者，對光線過敏，照到日光的話，皮膚會發炎變紅，所以不鼓勵患者

以日曬的方式增加活性維生素D，因此，以口服的活性維生素D爲恰當。

◎ 鈣與皮膚溼疹、蕁麻疹

　　皮膚溼疹和蕁麻疹都是皮膚過敏的症狀。一般而言過敏性體質可能是來自先天的遺傳因素，但是後天的環境可以抑制其所引起之過敏原。例如對魚蝦過敏的人，只要不食用魚蝦，就不會產生過敏的症狀。精神壓力或是情緒激動，也可能導致過敏原發作，例如氣喘或是神經性皮膚炎等。鈣質能夠預防蕁麻疹、溼疹和各類的過敏反應。以前內科及皮膚科醫師在診治蕁麻疹時，多半會爲患者注射鈣劑。因爲蕁麻疹和溼疹發作時，會使血液中的血漿成分和淋巴液滲出，造成皮膚起紅疹並且發癢，此時，鈣質能預防或抑止皮下組織充血，減低淋巴液滲出而達到防預的功能。

◎ 鈣與鼻炎、支氣管炎

　　鼻炎和支氣管炎都是黏膜發炎的病症。這些都會引起組織液滲出，並且有組織急性發炎的現象。當毛細管中的組織液經由黏膜細胞外流後，毛細管會自動擴張充血，並且

引發其他的組織也發生紅腫現象。如果體內有充分的鈣離子，就能控制發炎的毛細管以及組織細胞的液體滲出，因而減輕鼻黏膜和支氣管的發炎現象。

◎ 鈣與肩膀痠痛

肩膀痠痛發作時疼痛的部位其肌肉會十分僵硬，這是因為肌肉痙攣所引起的，其發生的原因很多，多半來自於姿勢不正確，過度使用局部肌肉，精神緊張，或是疲勞過度。肌肉痙攣常發生在血液循環不良的情況下，當血液流量受阻，紅血球所攜帶的氧無法送達全身，導致細胞膜的滲透力失衡，使得大量的鈣離子乘機進入細胞中，造成肌肉強力收縮，引起肌肉痙攣痠痛。

身體中鈣質缺乏，也會引起肌肉痙攣，其原因是當血液中的鈣減少，此時副甲狀腺賀爾蒙從骨骼中提取出來的鈣會充斥至身體各部位，如果聚集在肌肉細胞中過多，就會引起肌肉痙攣。或是當鈣進入血管時，血管平滑肌會自動收縮，使血管變窄，引起血液循環不良而造成肌肉痠痛。年紀大的人對鈣的吸收力減弱，同時又不常活動身體，血液循環較差，所以經常發生肩膀痠痛的情形，只要平日能充

分地攝取鈣質,並且常做些舒活筋骨的運動,不僅能促進血液循環,同時又能增添鈣質,強化骨骼與肌肉,肩膀痠痛的現象自然會減輕或是完全消失。

◎ 鈣與僵直性脊椎炎

患有僵直性脊椎炎的人,其腦部和脊髓部分積聚了大量的鈣質和多量的鋁及錳,造成自腦部至脊隨部份的運動神經經路病變,手腳麻痺、肌肉萎縮、胸部的呼吸肌失去功能,最後會因窒息而死亡。至於鈣質為何只集中在脊髓部位,醫師臨床尚在研究之中,但是實驗上確定,用缺鈣的餌食飼養老鼠,常久下來,老鼠的肌力會衰退,走路也會搖晃,並且會從骨骼中析出鈣質而屯積在腦和脊髓處。

◎ 鈣與痔瘡

當受傷出血時,如果傷口不深的話,則血液很快就形成膠狀而凝固,阻止血液繼續流出。這個過程,可以用顯微鏡來加以觀察,當出血時,血漿中溶解的血小板(一種由肝臟中製造出的蛋白質)會變成細網狀的纖維體,血液中的紅血球和白血球就會圍繞在分解的血小板四週。過了一段時間

後，這種纖維體會逐漸萎縮，並且溢出一種透明的黃色液體，血液就漸漸地被壓縮而凝固。在血液凝固的過程中需要有凝血酶原與凝血酶的作用，這兩個酵素的形成必須有鈣質和維生素K的協助，因此，鈣質在血液中的含量直接影響到凝血功能。

一般痔瘡發生的原因，大半是因為肛門四週的血液循環不良，或是因為排便時產生的壓力而引起出血等傷害。痔核是因為靜脈血管內部壓力所形成的靜脈瘤，而裂痔則是因為痔瘡黏膜表面破裂所引起，排便後會出現大量出血的現象，有些人可能會因為出血致導致貧血。

經常便秘的人特別容易產生痔瘡，或是經常久坐不動的人，肛門血液循環不良也會容易罹患痔瘡的毛病。如果患有痔瘡又不就醫，而引發局部發炎或感染，則更不容易治癒。

攝取足夠的鈣質，可以使血液循環良好，減低血管的痙攣，因而降低痔瘡發生的機率。同時，一旦痔瘡出血，也容易產生凝血效應，預防大量出血。平日攝取充足的鈣質，能增強免疫系統的抵抗力，使痔瘡感染的部位早日康復。所以，鈣質可以減少痔瘡的發生機率，同時也可以加速它的癒合。

◎ 鈣與不孕症

不孕症的原因很多，如果是屬於精子或卵子活動性不足而導致精子與卵子的結合率降低的情況，則攝取充分的鈣質，可以增加受孕的機會。精子要經由鈣離子的催化才會變得活躍，如果精子四周鈣的濃度平衡時，精子才會接受正確的訊息而開始活動，否則精子的活動力會變得遲緩，無法進入卵子內使卵子受精。

科學界曾經做過一個不可思議的實驗，就是在卵子中注射與精子等量的鈣質，則卵子也會如同受精般開始分裂成長，這就是所謂的「處女生殖」，以此法成長的個體除了染色體只有正常個體的一半外，其他皆與常態相同。也就是說，鈣在某方面可以取代精子而使卵子受孕。因此，希望生育的夫妻，平日要注重鈣質的攝取。

◎ 鈣與白內障、視力減退

白內障的成因是因為眼睛中的水晶體，積屯了過多的鈣質，導致水晶體混濁，視線模糊不清。發生白內障的多半是年紀大的老人，這也是因為年齡大而影響鈣的吸收，血鈣濃度偏低，而出現「鈣逆說」的現象。

此外，視網膜的感光功能要依靠鈣離子的傳導，鈣離子不足就會影響到視力。視網膜的感光細胞與神經細胞相似，也就是細胞外的鈣離子要比細胞內的多出一萬倍，如果缺乏鈣，細胞內外鈣的濃度無法保持一比一萬的比例時，視網膜區辦物體的功能減弱，在黑暗處看東西過久，眼睛就會感到疲倦。

◎ 鈣與結石

人體常見的結石包括腎結石、膽結石、胰臟結石、尿道結石、唾液腺結石等。各種結石的成分各有不同，結構各異，往往會傷害到人體組織器官，引起感染導致併發症。雖然人體的結石並非完全由無機礦物所組成，例如尿酸和胱氨酸兩種有機質組合後會形成腎結石，而膽結石中多半含有多量的膽固醇。但是無論是那種結石，其中大半都含有鈣質，所以許多人都會產生吃太多鈣會導致結石的錯誤觀念。

其實大多數結石的成因是因為身體內缺乏鈣質所引起的。其主要原因是因為體內鈣量不足，而導致副甲狀腺分泌副甲狀腺賀爾蒙使骨中的鈣質溶出。副甲狀腺賀爾蒙的作用除了

在人體缺鈣時可由骨骼中溶出鈣質來維持鈣的平衡外,它還會盡量不讓鈣質隨尿液排出體外,同時它又會促使腎臟製造活性維生素D以促進腸道對鈣的吸收。因此,鈣不足時,反而導致膀胱中的鈣量增加,而產生結石的可能性。

就以腎結石為例來探討結石的因果。一般正常情況下,鈣在血液中和尿液中都呈透明溶液狀態,但是當尿液中鈣的濃度過高,或是尿液的酸鹼值PH呈鹼性時,就可能形成肉眼可見的沉澱物,並且逐漸凝固成結石狀。在腎結石的患者中,經過尿液檢測化驗,發現部分患者尿液中含有多量的鈣質,但是也有許多患者是其原本應該屬於酸性的尿液反而轉為鹼性。從食物中攝取過多的鈣質並不會直接進入尿液中,而導致腎結石患者發生結石的原因也未必是因為吃了大量含鈣的食物。因為,從食物攝取的鈣質,是經由腸道的監控吸收適合人體所需的鈣量,而多餘的鈣會從糞便排出體外。

除了上述腎結石是來自身體缺鈣而自骨骼中溶出過多的鈣而進入尿液的缺鈣型腎結石之外,有一種「原發性副甲狀腺機能亢進症」的患者,會不斷產生副甲狀腺賀爾蒙並自骨骼中不斷提取鈣質,並且將鈣排泄至尿液中,引起腎結

石，患有這種病症的人，即使補充大量的鈣也無用。因鈣不足而引起的結石，如果立即服用鈣劑，以減少副甲狀腺分泌出副甲狀腺賀爾蒙，則結石情況便不致惡化，尿液中的鈣量降低，腎結石腺也會跟著減少。也就是多吃鈣反而不易引起腎結石。

不過有一種所謂「腸管吸收型腎結石症」，是患者的腸道對食物內所含的鈣質特別容易吸收，有這種體質的人和大量服用維生素D的人，若是從食物中攝取過多的鈣質，則其尿液中的鈣也會增加，容易引起結石，所以不能食用太多的鈣質。

另外，還有一種「腎排泄型腎結石症」，這是腎功能不佳的人無法將尿中的鈣質由腎臟再吸收，導致尿液中含鈣量過高而產生結石。

所以有關結石的「因」要先確定，然後才能「對症下藥」，但是，一般而言，因為缺鈣而導致結石的原因遠比其它的原因高出很多。

◎ 鈣與癌症

　　雖然每個人身上都有癌細胞的存在，但是並不會因此而一定導致癌症。人體的細胞在分裂繁殖的過程中，鈣質參與了很重要的作用。「鈣是生命的火焰」細胞的一切繁殖、分裂等生理作用，都必須依靠鈣的訊號才能進行，沒有鈣的催化，一切生命的活動都將停止，沒有鈣就沒有生命。癌是由身體細胞發生突變，而無法控制的不斷增生，它不止會破壞其他組織，同時也會吸取身體的養分，影響正常細胞的成長。人體每天都有癌細胞形成，但是只要免疫機能得當，那麼在癌細胞剛開始萌芽之際就可以清除，但是如果免疫細胞無法正確的獲得癌細胞的訊息，那麼癌細胞就會逐漸增殖，進而演變致癌症。細胞內鈣離子的多寡就直接影響到細胞間情報正確的傳遞，如果人體缺乏鈣質而發生「鈣逆說」，而淆混細胞之間的情報，使免疫細胞無法辦識或擊退癌細胞或是引發致癌的物質，則因癌細胞異常增生的結果而產生癌症。

　　當鈣不足時，副甲狀腺會分泌副甲狀腺賀爾蒙，自動提出骨骼中的鈣質供應身體各組織的需要，但是如果過程頻繁而無法停止，則為一種「原發性副甲狀腺機能亢進症」，

得此病症的患者，不但骨質疏鬆脆弱，血液中的鈣量也會
大量增加，醫學臨床證實，罹患此症的病患其癌症發生率
遠比正常人要高出許多。年紀愈大罹患癌症的機會越大，
其中之一的原因可能與體內含鈣量下降有關。

患了癌症時，患者往往會產生高血鈣症。能夠侵犯骨骼
的多發性骨髓癌或是由其他部位的癌細胞蔓延至骨骼時，
患者就很明顯的出現高血鈣症。此時骨骼內癌細胞急速發
展，從骨骼中溶解鈣質的速率加快，使血液中的鈣離子濃
度升高，因此促進癌細胞遺傳基因所製造的成長因子的功
能，加速癌細胞的分裂與增生。

因此，如果要抑制癌細胞增生，就必須預防細胞內的鈣質
增加，也就是攝取充足的鈣質，以預防副甲狀腺賀爾蒙分
泌，就不會將骨骼中的鈣質溶出，因而就不會產生多餘的
鈣質進入細胞內，因而得以抑制癌細胞的分裂增殖，所以
鈣對癌症治療上有相當的功能。在癌症治療的藥物中有一
種鈣拮抗劑，能預防鈣質進入細胞內，這種藥物不但具有
持續抗癌的活性，並且能預防身體對抗癌劑發生排斥的作
用。鈣拮抗劑之所以能有效控制癌症，主要是因為它可以
預防細胞內的鈣質增加。服用抗癌藥物後會出現強烈的副

作用，例如食慾不振、嘔吐、毛髮脫落等現象，充分的補充鈣質，可以使副作用減輕到最低範圍。

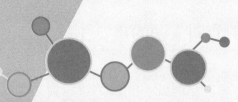

附錄(一)
各種礦物質對人體的重要性

各種礦物質對人體的重要性

　　人體約含有70種以上的礦物質，對人體的重要性絕對不可忽視，茲將科學界已能證實或有待更進一步研究的各種礦物質，其在營養保健的領域上所具備的功能與其對人體的重要性簡述如下。

◎ 認識礦物質鈣（calcium; Ca）──強化骨骼、神經的礦物質

　　巨量礦物質鈣在人體內含量比例居所有礦物質之首。成人體內鈣的含量約為700～1,400克（g），多以無機鹽的形式存在於體內。其中99％存在於骨骼與牙齒中。鈣的主要功能為調節橫紋肌、心肌和神經的活絡性，並且能在生物體柔軟組織、血液及體液內，與其他礦物質配合，共同調節生理機能；鈣可調整毛細血管和細胞膜的滲透性，調節血鈣的含量，並幫助血液凝結；鈣並參與對某些酵素的作用。此外，對女性而言，鈣可增強排卵機能，與妊娠有密切的關係，同時還可以緩和精神壓力，減少生理期的不適。

　　骨質疏鬆症是婦女更年期後最常發生的病症，患者雖以婦女居多，但是飲食不當的男性也常有骨質疏鬆的徵狀。骨質疏鬆症主要是骨質中的鈣質流失，因此骨質密度降低，骨質變得疏鬆空洞，骨質脆弱易斷裂，容易造成骨折，身長萎縮變矮、駝背、神經受損及關節疼痛等。

◎ 認識礦物質鎂（magnesium; Mg）——強化酵素、精力的礦物質

　　巨量礦物質鎂，在成人體內含量約為21～35公克，有一半以上的鎂與鈣及磷結合成為磷酸鎂，碳酸鎂與其他鎂鹽均存在於骨骼中，其餘的則儲存在柔軟組織和體液中，例如，存在於肌肉、心肌、肝、腎、腦、淋巴和血液等組織內，只有1％的鎂存在於血漿內，並多呈離子狀態，是細胞內重要的陽離子。鎂的主要功能除了是構成骨骼與牙齒的主要原料外，更可說是生命的必要元素，最初的原始生物，其核心就是因含有鎂元素，才能進行光合作用。

　　所有與能量ATP變成ADP相關的酵素均需要鎂的參與。鎂離子也是輔酵素的成分，對核酸DNA的轉錄與RNA的複製和蛋白質的合成非常重要。鎂有助於皮質酮（cortisone），

能調節血磷濃度，並能調整內部的滲透壓和體內的酸鹼均衡和體溫。鎂離子與鉀、鈉、鈣離子共同調節神經的感應及肌肉的收縮。人體要吸收維生素A、B、C、D、E群和鈣質時也需要鎂的協助。

◎ 認識礦物質鈉（sodium; Na）——平衡血壓的礦物質

　　巨量礦物質鈉在正常成人體內含量約為每公斤體重含1克的鈉，有50％的鈉存在於細胞外液，40％的鈉存於骨骼內，所剩的10％則存在細胞內液。鈉是細胞外液中最主要的陽離子，它能調節體液的滲透壓和保持水份的平衡，維持神經和肌肉的傳導和感應，促進肌肉正常的收縮，並且維持體內的酸鹼平衡。

◎ 認識礦物質鉀（potassium; K）——心臟、神經的礦物質

　　巨量礦物質鉀在正常成人體內含量約為每公斤體重含2克的鉀，其中約97％的鉀存在於細胞組織內，其餘的存在於細胞外液。鉀建構成細胞的主要成分，也是細胞內液中最重要的陽離子和鹼性元素，亦是維持細胞內滲透壓動態平衡的主要成分。

　　鉀是蛋白質合成作用所需的元素，並且能促進細胞內的酵素活動。細胞外液中少量的鉀離子，與鎂、鈉、鈣離子共同促進神經的感應、肌肉的收縮，並且維持心臟規律的跳動和血壓的正常。

　　鉀離子和鈉離子在神經傳導及肌肉收縮的過程中，其位置會互相取代，如果食用多量的鈉，而鉀的攝取量又不足時，很可能會導致高血壓和心臟病。

◎ 認識礦物質氯（chlorine; CI）──調節酸鹼值、殺菌排毒的礦物質

　　巨量元素氯，氯離子與鈉離子相似，由氯化鈉的形式存在於體液中，主要是存在於細胞外液中，尤其是血漿和細胞間液。氯是細胞外液主要的陰離子，是胃液的重要成份，此外腦脊髓液及腸胃道的消化液中皆含有高濃度的氯離子。

　　氯離子能調節體液的滲透壓，及水分的平衡，調節體液的酸鹼度，提供胃酸中的成份，活化酵素。氯離子可以殺死腸內的細菌、協助肝臟排除體內毒素。

全家如何參與鈣幫家族

◎ 認識礦物質硫（sulfur或sulphur; S）——維護皮膚、毛髮、殺菌解毒的礦物質

巨量礦物質硫也是人體必須的礦物質之一，以有機物及無機物兩種形式存在於體內。一般成年人體內含硫約175公克，分布於身體的細胞內。

硫是構成細胞質的主要成份，含硫的穀胱甘汰（glutathione, GSH）能對抗自由基，具有抗氧化性，能保護細胞不受損傷。

硫更是維護毛髮、指甲生長的重要元素，其中含硫的角蛋白（keratin）就是頭髮、指甲及皮膚的重要物質。其他含硫的有機化合物包括：胰島素（insulin）、輔酵素A（coenzyme A）、肝磷脂（heparin）、維生素B1（thiamine）、維生素H、生物素（biotin）等，都是維持身體機能的重要成份。

硫與糖類結合成為黏多糖類（mucopolysaccharide），可以維持關節間韌帶的潤滑性，例如，軟骨素硫酸（chondroitin sulfuric acid），可以鞏固軟骨、肌腱和骨骼的基質。含硫的肝磷脂能促進血液凝固。硫還能維持腦部氧的平衡，促進腦部機能，並且促進傷口癒合與增強對疾病的免

疫功能。此外，含硫物質亦具有殺菌和強精壯陽的功效。

許多酵素需要有一個含硫醇基（-SH）來活化，因此硫參與多種體內的氧化還原反應。硫醇基（-SH）可形成一個高熱能的硫鍵（high-energy sulfur bond），在醣類與脂肪釋出熱能的代謝作用中非常重要。

硫可清除細胞內的鋁、鉛、鎘、汞等重金屬，同時含硫氨基酸在細胞內代謝以後，產生硫酸，可與酚、甲苯酚等有毒物質結合，成為無毒的化合物，然後由尿液排出體外，因此，硫還具有重要的解毒功能。

◎ 磷(phosphorus; P)──強化骨骼和細胞、增強能量的礦物質

巨量礦物質磷成人體內含磷量約為400～800克，約佔體內礦物質總量的 $\frac{1}{4}$ 。

磷在體內與鈣結合成為磷灰石，為構成骨骼和牙齒的主要成分。磷亦是細胞膜的主要成分，是去氧核醣核酸(DNA)、核醣核酸(RNA)、三磷酸腺(ATP)、輔酵素、維生素B群等的組成成分。

磷脂能控制溶質滲透進出細胞，並能便利脂肪在體內的運

輸。磷酸化作用是人體內新陳代謝作用的重要步驟。例如葡萄糖必須經過磷酸化作用才能被小腸黏膜吸收。有機磷化合物在人體內能促進醣類代謝作用，產生熱能。無機磷酸鹽在血液中是重要的緩衝劑，有助於維持體內酸鹼的平衡。

◎ 鐵(iron; Fe)——製造紅血球、協助氧化還原的礦物質

　　微量礦物質鐵是人體最常需要補充的微量礦物質。成年男子每公斤體重約含鐵50毫克，成年女子每公斤體重約含鐵35毫克。

　　人體的鐵大約有70％儲存於血液中，10％存在於肌肉中，而其餘的則存於肝、骨髓和含鐵的酵素之中。

　　鐵以四種形式分布於身體各部位：(1)在循環的血漿中與β－球蛋白結合，形成肝轉鐵褐質(transferrin)，此類化合物中的鐵可以在組織細胞需要時很快的被釋放出來；(2)鐵亦可以形成血紅素和肌紅蛋白，負責輸送氧至體內各細胞與組織中，以便進行食物的氧化代謝作用，並且負責運送代謝後產生的二氧化碳、氫離子及其他廢物排出體外；鐵也是神經傳導的必要元素並且參與體內氧化與還原的代謝功能；鐵與維生素C共同參與膠原蛋白質的合成作用，

使皮膚和毛髮有光澤和彈力；(3)鐵與各種酵素結合，形成含鐵元素，例如細胞色素(cytochromes)、細胞色素氧化酶(cytochrome oxidase)、過氧化酶(peroxidase)和接觸酶(catalase)等；(4)鐵並可與蛋白質結合成為鐵蛋白(ferritin)儲存在肝、脾和骨髓內。

◎ 硒(selenium; Se)——抗癌、抗氧化、抗衰老的礦物質

超微量礦物質硒是酵素系統的輔助因子，與脂肪的代謝功能及細胞的氧化作用頗有關聯。硒在動物體內能防止肝臟組織被脂肪浸溶及壞死，並且能與維生素E互相加強治療肝病的功效。

硒在人體內與其他酵素相互輔助，是一種很好的抗氧化劑，因為硒是麩半胱甘胺酸過氧化酵素(glutathione peroxidase)的組成成份，而此種酵素可聯同鐵、銅、錳、鋅等正價礦物質，使體內的自由基轉變成過氧化氫(H_2O_2)，再使過氧化氫與麩半胱甘胺酸作用而變成水，因此硒可以說是排除體內自由基的重要稀有礦物質，它具有抗氧化和抗衰老的功能。

美國科學家曾以白鼠做過實驗，當硒不足時，就算給予白

鼠再多的蛋白質、脂肪等營養素，白鼠的成長還是非常緩慢，皮毛稀疏沒有光澤。但在白鼠的食物中加入硒後，白鼠的所有異常症狀都改善了，因此，只要攝取足夠的硒，就能保持體內細胞的活性化，並能延緩老化。

越來越多的科學驗證顯示，硒對於預防某些癌症和腫瘤佔有重要的地位，多項的研究已提供出相當的證據：身體缺乏硒，會增加乳癌、大腸癌、肺癌和攝護腺癌的發生率。

美國著名科學雜誌(Science)曾發表報告指出，有機硒吸收太陽的紫外線，使人體免除紫外線的傷害。硒有制止體內有害金屬汞和鎘等的活動性，也就是說，硒能和有害金屬直接結合，而消除重金屬對人體的危害。

依據日本千葉大學藥學部的教授山根靖弘博士針對「汞中毒與硒的解毒功能」的研究報告指出，對老鼠餵食汞劑後，老鼠在第七天全部死亡，但在另一組中除餵食相同劑量的汞劑外，還另外施加硒，結果，此組的老鼠全部存活。

雖然，鋅、鐵、銅等微量元素也能排除人體內重金屬鎘的污染，但是硒的功效卻比它們高出五十至一百倍，因此硒具有將人體內有害的重金屬「無害化」的功效。

男性體內的硒大半集中於睪丸及連接前列腺的輸精管內，

可使精子活躍。實驗證明，硒不足的老鼠精子，幾乎都失掉
了其尾部、無法活動。硒具有增強精力和性機能的功效，協
助性腺荷爾蒙的產生，增加受孕機率。同時因為硒具抗氧化
功能，因此它和抗氧化維生素A、C、E聯合，可減緩風濕患
者的關節疼痛，並能預防眼睛白內障的發生率。

◎ 鋅(zinc; Zn)──抗氧化、增強免疫力、增加性功能的礦
物質

微量礦物質鋅在成人體內含鋅量約為1.5至3.0公克，
主要存在於皮膚、肌肉和骨骼中，其次在視網膜、肝、
胰、腎、肺、血漿、前列腺、睪丸、精子和頭髮中也含
有鋅的成份。鋅是碳酸脫水酶(carbonic anhydrase)的構成
元素，它有攜帶及運送二氧化碳的功能；鋅也是羧肽酶
(carboxypeptidase)的輔助因子，以協助蛋白質水解；鋅也是
乳酸去氫酶(lactic dehydrogenase)的一部分，有助於醣類代
謝的功能。

鋅在胰臟中與胰島素結合，協助血中糖份的分解。科學研
究早已證實，一般糖尿病人的胰島素含鋅量只有正常人的
一半。

全家如何參與鈣幫家族

　　鋅對於人類的生長發育、生殖功能、性腺分泌、男性精子的生成、膠原纖維的生成及傷口癒合等都有直接的功能。

　　此外，鋅在人體內可以協助增強免疫機能。在白血球內需要鋅與蛋白質結合在一起，雖然其功用尚不明瞭，但是據檢驗報告指出，白血病(leukemia)患者的白血球內含鋅量較正常的人少10％。

　　鋅可以加強維生素A、鈣與磷的作用，鋅含量充足可以預防唐氏症及老人癡呆症的發生率。鋅也有強化中樞神經系統的功能，協助神經傳導作用。鋅離子能影響細胞膜對於鈉、鉀、鈣等離子通路的順暢性。鋅對中樞神經與腦部運作具有相當的重要地位，喪失味覺、視覺、嗅覺等往往都是缺乏鋅的早期症狀。

　　鋅可以削弱有害金屬的毒性，尤其是對鉛、鎘、汞等重金屬有相互抵制的作用。

◎ 釩(vanadium; V)──抗壓力的礦物質

　　超微量礦物質釩能抑制磷酸水解酵素的活性，因此可以控制細胞分裂的周期。適量的釩可以活化葡萄糖六磷酸鹽水解酵素、促進葡萄糖的代謝作用。

同時，適量的釩又可以加強血液中紅血球的攜氧功能，並能改善缺鐵性貧血。當人體承受壓力時，釩能與碘同時協調甲狀腺代謝功能，以適應外在壓力。

老鼠的實驗顯示釩可能具抗癌功效，但尚無確切的證據。

釩在骨骼和牙齒的代謝方面也擔負重要任務。

◎ 矽（硅）(silicon; Si)──強化骨骼、光澤毛髮的礦物質

微量礦物質矽亦可譯為硅多半應用於製造玻璃和瓷器方面。近幾十年間則被大量製成矽膠、用於美容及隆乳手術。

矽是人體所必需的微量礦物質，矽主要存在於成骨細胞(osteoblast)的粒線體(mitochondrion)中，以協助進行細胞內的代謝和呼吸功能，對骨質的硬度和成形亦有極為重要的功能。

矽存在於各類結締組織中，是細胞間黏液黏多醣類(mucopolysaccharide)的主要成份。

人體內含矽最多的器官組織除骨骼外，毛髮、指甲和皮膚都含有矽。

矽酸能與鋁離子結合，減低鋁沈積在腦細胞的危險，預防老人癡呆症的發生。

◎ 鎳(nickel; Ni)——具催化力、降血脂的礦物質

微量礦物質鎳主要存在腦和肝臟中。鎳的化學功能與鉻、鐵、鈷相似，是人體內酵素進行氫化作用時的催化劑，同時大量被用在速食餐飲和糕餅製作中。

鎳能活化胰島素，促進血糖的代謝作用，穩定核酸的RNA和DNA；並且可降低人體血液中的血脂肪和膽固醇含量。

鎳與細胞膜的代謝功能以及在對心臟、肝臟和生殖功能等方面也有密切關係。西元1970年間，科學家們曾先後以小雞、豬、老鼠等做實驗，發現缺乏鎳時，會造成動作普遍遲緩，生長緩慢，皮毛無光澤，及營養不良的現象。

鎳能調節催乳激素(prolactin)的分泌，並能刺激女性乳腺的生長發育，及分娩後製造乳汁。

◎ 鍺(germanium; Ge)——抗氧化、除污染的礦物質

微量礦物質鍺為近幾年來當紅的保健食品，並且被視為天然的抗癌礦物質，其原因為有機鍺可在動物或人體的細胞或組織中釋放出氧分子，因而提高生物細胞的供氧能力，使僅適應於低氧環境下的癌細胞無法繁延甚至死亡。

無機鍺為半導體的重要金屬元素，而有機鍺與氧結合後，

和病變細胞組織代謝時所釋出的氫離子H+結合，進行去氫反應，除去人體內細胞中多餘的正價氫離子和其他有害的物質；同時有機鍺可能在血液中與紅血球結合，成為氧的替代物，協助氧的運送與貯存，為良好的抗氧化劑。鍺可與重金屬鉛、汞、鎘結合，而後一起排出體外，為良好的重金屬解毒劑。

◎ 銅(copper; Cu)──清除自由基、美化肌膚、抗衰老的礦物質

微量礦物質銅在所有的組織細胞內都含有銅，其中以腦、肝、心、腎中含量最多。嬰兒肝臟內含銅量比成人高出六至十倍，但一歲後就逐漸降低至與成人的含量比例相同。

人體內至少有二十多種蛋白質和酵素含有銅離子。銅離子是肌腱、骨骼、腎上腺賀爾蒙、神經系統等重要的輔助金屬離子。

銅的主要生理功能為組成多種氧化酵素，例如血漿銅藍蛋白、賴氨酸氧化酶等。其中銅離子能與超氧化歧化酶(SOD, superoxide dismutase)結合，去除人體細胞內的游離自由基，保護體內細胞與核酸的完整及維持正常功能，因此銅離子

具有抗氧化、抗衰老與抗癌的功能。血漿中含有血漿銅蛋白，能促進鐵的利用與功能，銅離子並能促進膠原蛋白生長，有助於皮膚和毛髮的生長以及黑色素的形成。

銅又可與鐵結合形成多種酵素，對於人體內熱能的產生、脂肪的氧化作用、尿酸的代謝功能等都具有直接的關係。

◎ 鉻(chromium; Cr)──減肥、降血糖的礦物質

微量礦物質鉻於西元1797年由法國的分析化學家Louis Nicolas Vauquelin發現，其在成人體內的總含量約為1.7～6.0毫克，主要存在於腦、肺、胰、腎、肌肉、骨骼等器官中。鉻從嬰兒時就存於體內，其含量為成人時期的三倍，也就是說，隨著年齡的增長，人體組織內鉻的含量也逐漸降低。

同時，經檢驗發現在人體組織中含鉻量高者，不易罹患糖尿病。因此研究者推論：人至中年後，其體內含鉻量減少可能增加糖尿病的發生率。由此可知，鉻是維持人體正常葡萄糖耐量所必需的元素，也是胰島素的輔助因子，可以使胰島素的效能增加。鉻不但可協助蛋白質的運送，而且可以防止高血壓的發生，缺少鉻可能是引起動脈硬化和糖

尿病的原因之一。

鉻能促進糖及脂肪的代謝，因此，鉻能降低大部份成人糖尿病患對胰島素的需求量，並能改進葡萄糖的容忍耐性，且由於鉻可幫助脂肪代謝，因此對於降低體重（減重）有不錯的效果。

許多證據顯示，人類食物中如有充分的鉻、硒、銅、鉀、鎂、鈣等礦物質，則能平衡血液中膽固醇和三酸甘油脂的含量，可降低罹患心血管病的危險性。

◎ 認識礦物質碘（iodine; I）──增強體力的礦物質

微量礦物質碘，正常成人體內含碘量約為20～50毫克，其大部份儲存於肌肉中，另有1/3則儲存於甲狀腺內。甲狀腺組織內所含碘的濃度是其他組織的2,500倍，因此除甲狀腺之外，身體其他各部組織的含碘量極低。

碘是構成甲狀腺激素的主要成份，而甲狀腺素（thyroxine）能刺激及調節體內細胞的氧化作用。人體的細胞中大約有100種以上的酵素受到甲狀腺素的影響，因此碘能夠影響人體大部分的新陳代謝作用，其中包括：基礎代謝的速率、身體發育的快慢、神經及肌肉組織的功能、循

全家如何參與鈣幫家族

環系統、呼吸系統及生殖系統等的運行、智能發展等。

　　缺乏碘除會引起甲狀腺腫大和發育障礙外，也會造成甲狀腺素分泌不足，使人產先倦怠感、循環系統及腸蠕動緩慢，此時如果飲食熱量未加控制，則易導致肥胖症。高碘具有對抗甲狀腺素的作用，可防止因甲狀腺素分泌過多而導致甲狀腺機能亢進，或形成突眼性甲狀腺腫，而產生心跳加快、體重銳減、盜汗及情緒急躁等現象。碘在免疫系統上也占有重要地位，因為它具有協助多晶核子白血球發揮殺死微生物的功能，同時意外暴露於放射線時，可以保護甲狀腺。此外，碘尚有保持皮膚、頭髮和指甲健全的功用。

◎ 認識礦物質錳（manganese; Mn）──酵素、抗氧化、
　抗衰老的礦物質

　　微量礦物質錳在成人體內含量約為15毫克，多半儲存在肝臟與腎臟中，極少量的錳存在於腦、胰臟、骨骼、視網膜及唾液中。

　　就營養觀點而言，人體對於錳的需求量雖然不高，但它卻是人體內不可或缺的觸化劑。

　　錳是多種酵素的組合成份之一，同時也是許多酵素的輔

助成分，錳離子可在必要時取代鎂離子參與能量的生化反應；錳能促進胺基酸間的互相轉換，活化酵素促進蛋白質在腸內進行水解作用；錳能夠進行清除血液中的脂肪作用，並能促進長鍵脂肪酸的合成；錳在肝糖分解作用中，能活化多種反應，以完成葡萄糖的氧化作用。

此外，錳離子能與酵素SOD結合，除去人體細胞內的自由基，因此具有抗氧化及抗衰老的功能；錳並能活化一種精胺酸酶（arginase），幫助形成尿素以預防體內產生過多氨氣而中毒。

◎ 認識礦物質鈷（cobalt; Co）──造血並促進脂肪代謝的礦物質

微量礦物質鈷在人體組織內含量很低，主要儲存在肝臟中。鈷也是造血的過程中不可缺少的礦物質，因為鈷是構成維生素B12的成份，為形成紅血球所必須的元素。胰腺中也含有大量的鈷，用來合成胰島素以及一些對糖、脂肪代謝作用過程中的酵素。

鈷的主要功能除了可以合成維生素B12、催化血紅細胞成熟、防止貧血、強化醣和脂肪的代謝功能之外，並能維繫脾、胃功能、解煙毒。

全家如何參與鈣幫家族

◎ 認識礦物質鋰（lithium; Li）——改善心理情緒的礦物質

　　鋰是最輕的金屬，性質非常活躍，因此不會以天然形態單獨存在。鋰均勻散佈於地殼的土壤中，尤其大量存在於火山岩和石灰岩中。鋰易溶於礦泉、井水及海水中，一般硬水中約合9.8ppm的鋰，在海水中更高達11ppm。

　　鋰存在於腦細胞內，並且在松果體、腦下垂體、甲狀腺、胸腺、卵巢、睪丸以及胰臟內也含有微量的鋰。

　　鋰是鹼性金屬，與鉀、鈉、銣、銫是屬同族。健康人的血液中每毫升含有0.6～2.8毫微克（nanogram）的鋰。鋰能調節細胞核膜的呼吸作用，幫助葡萄糖進入細胞內，改善受孕機率等。

　　早在西元1949年科學家就發現碳酸鋰可以幫助躁鬱病患，目前碳酸鋰已成為治療此病最常使用的藥物。直到西元1970年中期，科學家又發現鋰可以調節人體內鈉的不平衡，因此對於高血壓及心臟病的患者有很大的幫助。西元1970年對於鋰的早期研究還有更重要的發現，那就是鋰能緩和人類的精神狀態，減低自殺、謀殺及強暴率，也就是說低量的鋰對於人類的行為有直接的助益。

◎ 認識礦物質硼（boron; B）──抗壓力、增進思考力、
預防癡呆的礦物質

微量礦物質硼可以促進鈣、鎂、鉀、磷的吸收與代謝，因
此硼對於促進骨骼的合成、預防骨質疏鬆症都有其相當的
重要性。

停經後的婦女若飲食中含有充份的硼，則可以加強其骨骼
中鈣和鎂的保存量，同時血清中的睪丸激素（testosterone）
和雌性激素（17-beta-estradiol）的濃度也會提高。這種情形
對低鎂鹽或缺乏維生素D的婦女更為顯著。

科學研究證實硼可以促進腦細胞功能，可以增強思考力和
記憶力，預防並改善老年癡呆症。

許多研究證明，攝取足夠的硼可以改善蛀牙的發生率。

以含硼化合物──四硼酸鈉氫化物（sodium tetraborate
decahydrate）所做的動物實驗中，證實其對羊之關節炎有預
防功能。

◎ 認識礦物質氟（fluorine; F）──強化牙齒骨骼的礦物質

正常成人體內含微量礦物質氟約為每公斤體重70毫克，主
要存在於骨骼和牙齒中，是骨骼和牙齒的重要成份之一。

氟與牙齒的健康，有密切的關係，可使牙齒健康、琺瑯質堅固亮麗，對預防蛀牙極有效果。

除鈣和磷之外，氟也是「關鍵性微量元素」。研究顯示，氟能幫助鐵的吸收，並能促進傷口癒合。此外，亦有研究證實，居住在「氟化飲水」地區的老人，其罹患骨質疏鬆症的機率較低，原因在於更年期婦女與不常運動的人，其骨骼中含鈣的氟物質比較不易發生脫鈣作用而耗損。

◎ 認識礦物質鉬（molybdenum; Mo）——協助核酸代謝、
　健全紅血球的礦物質

微量礦物質鉬在成人體內，含量極微，大約只有9毫克，是黃嘌呤氧化酶或稱黃質氧化酶（xanthine oxidase）及肝醛氧化酶（liver aldehyde oxidase）的組成成份。鉬存在於肝、骨和腎等器官組織中。

缺鉬地區的人，癌症發病率較高。

鉬可以協助核酸的代謝作用產生尿酸，以清除體內過多的嘌呤衍生物，也就是在嘌呤新陳代謝過程中，黃質氧化觸化黃嘌呤（xanthine）的氧化作用產生尿酸。

鉬是多種酵素的輔因子，因而也參與脂肪和醣類的代謝作

用，並且能活化鐵質，使血紅球生長健全，預防貧血。鉬同時也參與人體內硫的代謝作用，促進細胞功能正常化。

超微量礦物質對人體的重要性

　　礦物質、稀有礦物質和超微量礦物質對人體的重要性，在近幾十年中逐漸受到重視及深入研究，雖然，許多稀有礦物質和超微量礦物質對人體的功能及特性尚在研究階段，且尚未能訂出任何標準用量。但是，生命的起始點來自海洋，而海水中包括近70至80多種礦物質，其中相互間抑制和加乘的作用，對於進化後的生物和人類必定有特殊的功能。

　　僅就有限資料，在此將目前對超微量稀有礦物質的研究概述如下，提供讀者參考：

◎ 鋁（aluminum; Al）——輔助胺基酸組合的礦物質

　　成人體內含鋁量約為50～150毫克，鋁於人體內某些胺基移轉與胺基酸的組合功能具有輔助的功效。

全家如何參與鈣幫家族

◎ 錫（tin; Sn）──平衡肌肉伸張、有益生長發育的礦物質

　　少量的錫可活化酵素、促進核酸與蛋白質的合成，有益生長和發育，也可以平衡肌肉的伸張，促進毛髮生長。

　　錫的運送主要經由淋巴系統，並多儲存於胸腺、脾臟和骨髓中，而當胸腺功能受損時，可能引起淋巴腺癌，因此含錫的某些化合物可能具有抗淋巴腺癌的功能。

◎ 鍶（strontium; Sr）──強化骨齒的礦物質

　　鍶和鈣都是組成骨骼的重要元素。研究人類進化的學者專家發現，史前人類的頭骨、骨骼、牙齒遠比現代人堅硬，而其鍶的含量也比現代人類高出很多。鍶可強化並堅固骨質，但現代人類的飲食中含鍶量極少，因此現代人類的骨齒也較脆弱。

◎ 鈹（berylium; Be）──防止牙垢生成的礦物質

　　鈹是最輕的鹼性金屬。鈹的特性是穩定、質輕和熔點高，在冶金時特別有利。

　　人體牙齒的琺瑯質中約含有0.09～1.36ppm的鈹，也有人含鈹量甚至高達15.9ppm。少數實驗顯示攝取0.01～2.00ppm

的鈹可以減少牙齒方面的毛病，同時使用含有1ppm鈹的氯化鈹可以防止齒間牙垢的鈣化，但這些資料仍嫌不足，有待更進一步的研究證實。

此外，因為鈹分子非常輕小，比其他元素容易穿入腦部的血液和骨髓中，所以，科學家正積極研究以鈹治療腦瘤和骨癌的方法及可行性。

◎ 銀（silver; Ag）──消炎、抗菌的礦物質

在18世紀至19世紀這段時間裡，使用膠黏性銀（colloidal silver）是美國人抵抗傳染病最盛行的方法。直至抗生素等藥物發明後，其抗菌功能才逐漸為現代人所遺忘。直到近幾年來，抗生素濫用造成許多抗藥性突變病菌無法控制，膠黏性銀從而又展現出其「天然抗菌」之功能。

銀特有的消炎抗菌功效與金、銅很相似。外用的碘化銀液用來治療黏膜發炎，硝酸銀溶液的眼藥滴劑用來防止和治療眼睛發炎。銀與蛋白質的結合物則是人體許多部位的消炎、殺菌劑。

全家如何參與鈣幫家族

◎ 鈦（titanium; Ti）──柔軟組織的礦物質

　　四氯化鈦（titanium tetrachloride）能在潮濕的空氣中形成煙霧狀，因此常被用作飛機在空中寫字或繪圖的原料。

　　太陽和月亮都含有鈦，地球的地殼及土壤中均有鈦的存在；植物體內含鈦量極低，僅微量存在於人體柔軟組織內；人體肺部也含有少量的鈦，其直接來源可能是──空氣。

◎ 鈧（scandium; Sc）──協調代謝作用的礦物質

　　鈧能維持生物酵素的催化功能，並能調節人體新陳代謝的機能，雖是超微量礦物質，卻是人體不可或缺的元素。

◎ 鑭（lanthanum; La）──抗衰老的礦物質

　　鑭在人體生化反應上與鈣類同，主要存在骨骼、骨髓、結締組織和膠原蛋白內，鑭能促進加強細胞生長週期，延長生命及抗衰老。

◎ 鈰（cerium; Ce）──抗失眠、抗衰老的礦物質

　　鈰也是欄系元素的超微量礦物質，19世紀時人們就已經知道使用鈰鹽可以治療失眠和精神方面的疾病。

鈰具有殺菌性，也常被用於燒傷感染等皮膚病的化學藥物中，少量的鈰儲存於骨骼、骨髓和膠原蛋白中，並具有抗衰老的功能。

◎ 鎵（gallium; Ga）——腦細胞的礦物質

鎵的化學特性與鋁相似，且具有半導體的功能，多存在於腦細胞和骨骼中，可調節腦細胞的生化反應，維持腦部的正常功能。

鎵還具有抗腫瘤的功能，但仍需更多的實驗加以證實。

西元1997年德國《醫學月刊》曾發表有關鎵的研究報告，指出鎵能降低自體免疫功能失調之紅斑性狼瘡的病發率。

◎ 鉺（erbium; Er）——預防心血管疾病的礦物質

鉺與其他鑭系元素，包括有鈥（holmium：Ho、銩（thulium; Tm）、鐿（ytterbium; Yb）和鈧（scandium; Sc），這些元素除了鈧之外與其他11種元素包括了：鑭（lanthanum; La）、鈰（cerium; Ce）、鐠（praseodymium; Pr）、釹（neodymium; Nd）、鉕（promethium; Pm）、釤（samarium; Sm）、銪（europium; Eu）、釓（gadolinium;

Gd）、鋱（terbium; Tb）、鏑（dysprosium; Dy）、鎦
（lutetium; Lu）。這15個鑭系元素的物理和化學性質都非常
相似。在生化方面它們與鈣元素頗類同，主要存在人體的
骨骼、骨髓、膠原蛋白、和結締組織中。有許多科學家認
為微量的鑭系元素可能預防中風、血管阻塞和心肌梗塞、
血管硬化等慢性病。

◎ 金（gold; Au）──增強大腦敏銳度、抗疼痛的礦物質

金與銀、銅是最佳傳熱和導電的金屬。人體內含有超微量
的金離子，可使人體內熱能與電能的傳導更均勻。19世紀
至20世紀初期，醫生們使用金來醫治梅毒、淋病和因免疫
功能失調所引起的關節炎、紅斑性狼瘡等病症。

在同類療法中金更被經常用在治療心臟病、肝病、骨痛、
頭痛和睪丸炎等處方中。尚有研究發現微量的金可增強大
腦的敏銳度。

目前日本流行飲用的「純金超微粒子水」聲稱可以克服現
代許多慢性疾病，主要就是運用金的導電及安定痛症的特
性。

◎ 銻（antimony; Sb）──具抗菌性的礦物質

為半金屬性超微量礦物質。雖然銻被認為具有毒性，但在古埃及時期卻經常以它做為預防眼睛發炎的配方。銻可抗黴菌，曾被用來醫治肺炎。目前對銻的研究尚在實驗階段，並無確切的論證。

◎ 鉍（bismuth; Bi）──對消化道有益的礦物質

早期在英美各國，就經常以鉍的化合物醫治痢疾、霍亂、腹瀉以及腸胃炎。鉍的化合劑並為醫治傷口的外用藥。

最近醫學界發現以極微量的鉍可以治癒消化性胃炎或十二指腸潰瘍。

目前美國超市或健康食品店中非常暢銷的腸胃消化制酸劑──Pepto-Bismo，其中就含有鉍。

◎ 鎘（cadmium;Cd）──存在於腎臟內的礦物質

在若干有機體中，鎘可以取代鋅，其中包括某些需要鋅的酵素在內。由腎臟皮質部組成的含鎘蛋白質嚴格地控制鎘的代謝作用，以保護人體不致鎘中毒。

西元1984年生化科學家曾發現鎘可以刺激人體生長速度，但尚未獲得更多足以確證的研究報告。

全家如何參與鈣幫家族

◎ 鏑（dysprosium; Dy）──激發松果體的礦物質

　　鏑亦屬鑭系元素，屬超微量礦物質，雖然在人體內的總含量非常少，但人體主要的各類腺體包括：松果體、腦下垂體、胸腺和甲狀腺均需依靠微量的鏑以進行正常的運作。而松果體有如生命的時鐘，可協調其他腺體的分泌功能，因此，鏑對抗老也有一定的重要地位。此外，在骨骼中也發現微量的鏑，有可能協助骨骼的發育。

◎ 銪（europium; Eu）──協助凝血作用的礦物質

　　銪亦屬鑭系元素，於西元1901年由化學家Eugene Demarcay發現。動物實驗發現，微量的銪可以使生命延長1倍以上。銪在血液凝結作用上也具有輔助功能並可預防血友病。

◎ 鉛（lead; Pb）──平衡酸鹼度、穩定重金屬污染的礦物質

　　由於以鉛作為醫療處方且單獨服用，會引起中毒現象，因此，在「自然療法」中，鉛經常連同其他多種微量礦物質一起使用，而且用量極微。

　　從骨骼灰燼中發現，鉛為骨骼中所含微量礦物質中含量之

首位，這表示鉛對於人體健康有其必要的地位，尤其在骨骼的形成和成長方面，有其重要價值。

鉛雖對人體具有毒性，但是極微量的鉛卻可以穩定其他具有毒性的微量礦物質，降低甚至抵消其毒性。

鉛可以維持人體的酸鹼平衡，使血清和體液不至於過酸或過鹼。近幾年來，生化學家發現鉛能激發某些新陳代謝的作用。

在自然醫學的「同類療法」領域中，常以超微量的鉛做為醫治動脈硬化、帕金森症(Parkinson's disease)和老人痴呆症(Alzheimer's disease)。此外，將鉛外用於傷口如燒傷、皮膚炎、疣、牛皮癬等也有顯著的成效。

◎ 鈀(palladium; Pd)──減輕婦女病的礦物質

鈀對氫有強大的吸附力，因此常被用做為氫的淨化元素。鈀在自然界常與鉑、鎳在一起，它可以取代鉑的作用。

西元1997年科學家們曾嘗試將鈀用在癌症治療方面，但尚待更多的研究實驗加以印證。而「同類療法」中，鈀則廣泛應用於醫治婦女病。

全家如何參與鈣幫家族

◎ 鉑(platinum; Pt)——減輕婦女經痛的礦物質

鉑和鈀的化學殊性類同，均可吸附大量的氫離子。

西元1996年美國科學界曾發表有關以鉑抗癌的研究報告，
但尚待更多的實驗和進一步的研究加以印證。

四氯化鉑曾經被用於治療梅毒和淋病。「同類療法」中則
常以鉑治療婦女經量過多或過少、陰部騷癢、子宮疼痛、
陰道痙攣和神經痛等。

◎ 銣(rubidium; Rb)——安定神經的礦物質

雖然銣在地殼土壤中的含量較鉻、銅、鋰、鎳和鋅為多，
且較海水中的鋰多一倍，但是銣只開始在西元1960年之後
才被分離出來，因為銣在自然界多與其他元素結合共存，
而非單獨存在，銣在海水或溫泉中常與鋰共存。

銣鹽曾經被廣泛應用於治療歇斯底里症(hysteria)和神經過
敏症。銣在週期表中緊接於鉀的下方，在必要時，它可以
取代鉀離子的電解功能。

◎ 碲(tellurium; Te)──殺菌、防癌的礦物質

有關碲的醫學研究在近幾年才陸續展開。西元1997年10月至12月間一份有關防癌的研究報告指出：碲具有殺菌功能，並且很可能具有預防某些癌症的功效。

◎ 鉈(Thallium; Tl)──測試心臟的礦物質

醫學上引用氯化鉈（鉈201）溶液施以靜脈注射，用於驗測心肌病徵至今已有$\frac{1}{4}$世紀之久。

◎ 鎢（tungsten或wolfram; W）──抵制抗藥性的礦物質

鎢的化學特性和鉬相似。鎢除用於在日常生活中的燈絲外，醫學界在治療乳癌或其他癌症時，經常以鎢的化合物抵制葡萄球菌類對抗生素所產生的抗藥性。

◎ 錒(actinium; Ac)──偵測人體內重金屬的礦物質

生化學家研究發現，錒可能在預防或治療直腸癌方面具有某些效能。

醫學界在非常審慎的技術下，使用錒與鈾鹽以偵測人體肌肉組織內和血液中存在的重金屬。

◎ 鈾(uranium; U)──以對抗療法降低血糖的礦物質

　　從十九世紀初直到現在，自然醫學界對抗療法的醫生們，
經常以鈾治療糖尿病，因為它能迅速降低血中的糖份。

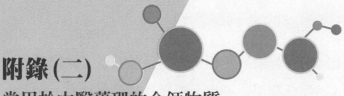

附錄(二)

常用於中醫藥理的含鈣物質

常用於中醫藥理的含鈣礦物質

我國數千年的中醫藥理，經常引用各種礦石、動物骨骼、甲殼類的外殼作爲藥用或藥引，經過近代科學驗證，發現上述物質之所以可產生各種藥理功能（且多半即可內服又能外用），主要原因在於其中之礦物質與微量礦物質的組合。茲將中醫藥理常見含多量鈣質的礦石及所含其他礦物質的成份、性能和病理上的應用節錄如下，提供讀者參考。

★礦石名稱：麥飯石（Lgneous Rock）

來源及形態：爲不規則塊狀之火山岩或花崗岩，表面顆粒大小和色澤分佈很像一團麥飯。

礦物質成分：矽、鈣、鉀、鎂、磷、鈦、釩、鐵、鋁、鋅等。

藥理性能：甘、溫。消癰腫，解毒消炎。

中醫應用：癰疽惡瘡，皮膚潰瘍。

★礦石名稱：山羊骨（山羊）（Capra Hircus）

來源及形態：牛科動物山羊骨頭。

礦物質成分：磷酸鈣、碳酸鈣、磷酸鎂、氟、鉀、鈉、鐵、鋁。

藥理性能：甘、溫。補腎、強壯筋骨。

中醫應用：腰膝無力、筋骨酸痛。

★礦石名稱：石膏（Sericolite）

來源及形態：純白色塊狀、具絹絲光澤的硫酸鹽礦石。

礦物質成分：鈣、鎂、鋁、矽、鐵、錳、鈦、鎢、錫、
硼、銅、鉛。

藥理性能：辛、甘、寒。清熱、解煩、止渴。

中醫應用：心神煩昏、讝語發狂、口舌生瘡。

★礦石名稱：花蕊石（Serpentiniated Marble）

來源及形態：白灰色或灰綠色具稜角不規則塊狀的蛇紋石。

礦物質成分：鈣、鋁、鎂、矽、鐵、錳、鈦、鎳、錫、
鋅、銅、磷、鉛。

藥理性能：酸、平。化瘀、止血。

中醫應用：嘔血、便血、崩漏、產婦血暈、胞衣不下、金
瘡出血。

★礦石名稱：珊瑚（Corallium Japonicum Kishinouye）

來源及形態：為樹枝狀珊瑚蟲群體所分泌的石灰質骨骼。

礦物質成分：鈣、矽、鐵、鎂、鋁、鋅、銅、錳、鈦、鎳。

藥理性能：甘、平。安神鎮驚、祛翳明目。

中醫應用：驚癇抽搐、吐血衄血。

★礦石名稱：石灰（Limestone）

來源及形態：主要由方解石所組成，為石灰岩加熱燃燒後之塊狀土石。

礦物質成分：主要成分是碳酸鈣、鐵、矽、鋁、鎂。

藥理性能：辛、溫。有毒。殺蟲、止血、定痛、蝕腐肉。

中醫應用：治疥癬、濕瘡、創傷出血、燙火燒傷、痔瘡、脫肛、贅疣。僅可外用。

★礦石名稱：龍骨（Os Draconis Coloratus）

來源及形態：為多種動物骨齒的化石。

礦物質成分：碳酸鈣、磷酸鈣、氟、鐵、鉀、鈉。

藥理性能：甘、澀、平。鎮驚安神、歛汗固精、生肌斂瘡。

中醫應用：失眠多夢、自汗盜汗、遺精淋濁、癲狂、健忘。

★礦石名稱：龍齒（Dens Draconis）

來源及形態：為多種動物牙齒的化石，含有多量琺瑯質而有別於龍骨。

礦物質成分：碳酸鈣、磷酸鈣、氟、鋰。

藥理性能：澀、涼。鎮驚安神、除煩熱。

中醫應用：煩熱不安、失眠多夢。

★礦石名稱：小海浮石（Calcium Carbonate）

　來源及形態：爲沉積海水的碎貝殼與碳酸鈣結合，不規則
　　　　　　　球形多孔斷面似海綿狀的礦石。

　礦物質成分：鈣、鎂、鋅、鐵、矽、鋁、錳、錫、氟。

　藥理性能：鹹、寒。清熱化痰。

　中醫應用：老痰淤積、肺熱咳嗽、氣管炎、淋病、疝氣、
　　　　　　瘡腫。

★礦石名稱：石燕（Cyr Tiospirifer Sinensis; Graban）

　來源及形態：爲石燕子科動物中華弓石燕及其近緣動物的
　　　　　　　化石。

　礦物質成分：鈣、矽、鎂、鋁、磷、鎳、鋅、錳、鈦。

　藥理性能：甘、涼。清熱涼血、利濕。

　中醫應用：尿血、淋病、小便不順、濕熱下帶。

★礦石名稱：理石（Anhydrite; Massive Structure）

　來源及形態：深灰至黑色之硫酸鹽類礦物硬石膏。

　礦物質成分：鈣、鎂、鋁、鐵、矽、錳、鈦、錫、銅、鉛。

　藥理性能：辛、寒。解肌清熱、止渴除煩。

　中醫應用：心煩口渴。

★礦石名稱：寒水石（Anhdrite; Fibreeus Aggregete）

　　來源及形態：白色或無色透明單斜晶體的硫酸鹽類礦物硬
　　　　　　　　石膏。

　　礦物質成分：硫酸鈣、矽、鐵、鉀、鈉、鎂、錳、鈦。

　　藥理性能：辛、鹹、寒。清熱降火、消腫。

　　中醫應用：積熱煩渴、吐瀉水腫、尿閉、丹毒。

★礦石名稱：玄精石（鈣芒硝）

（Flake Anhydrite; Glauberite）

　　來源及形態：爲灰白至青灰色橢圓形、菱形或不規則的片
　　　　　　　　狀石膏礦石。

　　礦物質成分：主要爲含水硫酸鈣和少量矽酸鹽。

　　藥理性能：鹹、塞。滋陰降火、軟堅消痰。

　　中醫應用：壯熱煩渴、頭風、頭痛、目障翳、咽喉生瘡。

★礦石名稱：陽起石（Tremolite）

　　來源及形態：具玻璃光澤，呈綠色或灰色的矽酸鹽類礦物
　　　　　　　　透閃石，多呈長柱狀或針狀透明或不透明的
　　　　　　　　晶體。

　　礦物質成分：主要成份爲二氧化矽、氧化鎂、氧化鈣和氧
　　　　　　　　化亞鐵。

藥理性能：鹹、溫。祛寒散結、溫補命門。

中醫應用：下焦虛寒、腰膝冷痹、男子陽痿、女子宮冷、
　　　　　崩漏。

★礦石名稱：白堊（Chalk）

來源及形態：灰色具稜角不規則塊狀，含碳酸鈣的矽藻土。

礦物質成分：主要爲碳酸鈣，尚含有鋁、鐵、矽、鎂、
　　　　　　鈦、鋅、鉛、銅、鉬、鎢。

藥理性能：甘、平。溫中、澀腸、止血、斂瘡。

中醫應用：瀉痢、吐血、惡瘡。

★礦石名稱：琥珀（煤珀）（Amber）

來源及形態：爲古代松科植物樹脂埋藏地下經久凝結而成
　　　　　　的碳氫化合物。呈黃色至棕黃色或黑色，半
　　　　　　透明的不規則塊狀。燒熱時會散發松香氣，
　　　　　　並常有昆蟲遺體嵌入其中。

礦物質成分：主含樹脂、揮發油及琥珀松香酸等有機物。
　　　　　　無機成分則有鈣、鎂、鋁、鐵、銅、錫、鎳。

藥理性能：甘、平。鎮驚安神、散瘀止血、利水通淋。

中醫應用：驚風癲癇、驚悸失眠、血淋血尿、小便不通、
　　　　　婦女經閉。

★礦石名稱：鐘乳石（Stalactite）

　來源及形態：為方解石類中的一種乳狀集合體，多為碳酸
　　　　　　　鹽類鐘乳石礦石，常分佈於石灰岩溶洞穴中。

　礦物質成分：主含碳酸鈣，次含鎂、鈉、鉀、磷。

　藥理性能：甘、溫。溫肺氣、壯元陽、下乳汁。

　中醫應用：虛癆寒喘、咳嗽、腰腳冷痹、陽痿、乳汁不下。

★礦石名稱：方解石（Calcite）

　來源及形態：為碳酸鹽類方解石之礦石。大都無色或乳白
　　　　　　　色或間雜色，具玻璃樣光澤的三方晶系礦石。

　礦物質成分：主含碳酸鈣，次含矽、硫、鎂。

　藥理性能：苦、辛、寒。清熱、散結、通血脈。

　中醫應用：胸中留熱結氣、黃疸。

NOTE

NOTE

NOTE

NOTE

NOTE

NOTE

NOTE

NOTE

NOTE

NOTE

NOTE

NOTE

NOTE

106-□□
台北市新生南路3段88號5樓之6

揚智文化事業股份有限公司　　收

□□□-□□

地址：　　　市縣　　鄉鎮市區　　路街　段　巷　弄　號　樓
姓名：

PUBLICATION

生智

 書號 D9125　　　 書名 鈣的聖經

生智文化事業有限公司

讀·者·回·函

感謝您購買本公司出版的書籍。
為了更接近讀者的想法，出版您想閱讀的書籍，在此需要勞駕您詳細為我們填寫回函，您的一份心力，將使我們更加努力！！

1. 姓名：＿＿＿＿＿＿＿

2. E-mail：＿＿＿＿＿＿＿

3. 性別：□ 男 □ 女

4. 生日：西元＿＿＿＿年＿＿＿＿月＿＿＿日

5. 教育程度：□ 高中及以下 □ 專科及大學 □ 研究所及以上

6. 職業別：□ 學生 □ 服務業 □ 軍警公教 □ 資訊及傳播業 □ 金融業
　　　　　 □ 製造業 □ 家庭主婦 □ 其他＿＿＿＿

7. 購書方式：□ 書店 □ 量販店 □ 網路 □ 郵購 □書展 □ 其他＿＿＿＿

8. 購買原因：□ 對書籍感興趣 □ 生活或工作需要 □ 其他＿＿＿＿

9. 如何得知此出版訊息：□ 媒體＿＿＿＿ □ 書訊 □ 逛書店 □ 其他＿＿＿＿

10. 書籍編排：□ 專業水準 □ 賞心悅目 □ 設計普通 □ 有待加強

11. 書籍封面：□ 非常出色 □ 平凡普通 □ 毫不起眼

12. 您的意見：＿＿＿＿＿＿＿＿＿＿＿＿＿＿＿＿＿＿＿＿＿＿＿＿＿＿＿＿＿

＿＿＿＿＿＿＿＿＿＿＿＿＿＿＿＿＿＿＿＿＿＿＿＿＿＿＿＿＿＿＿＿＿＿＿

13. 您希望本公司出版何種書籍：＿＿＿＿＿＿＿＿＿＿＿＿＿＿＿＿＿＿＿＿

☆填寫完畢後，可直接寄回（免貼郵票）。
　我們將不定期寄發新書資訊，並優先通知您
　其他優惠活動，再次感謝您！！

新思維・新體驗・新視野　　　　新喜悅・新智慧・新生活

PUBLICATION